Der zehnfache Weltmeister im Kopfrechnen, Dr. Dr. Gert Mittring, nimmt uns mit auf einen Streifzug rund um den Globus, um Anekdoten und Kurioses rund um Zahlen und spannende Rechenwege zu entdecken. Er folgt Erfindungen und Entdeckungen, die ohne die Hilfe von Zahlen nicht hätten gemacht werden können, und begibt sich auch auf die Spuren jener Zahlen, die uns im Alltag ständig begegnen: unsere Zeitrechnung, das metrische System und vieles mehr. Ein unterhaltsames und kluges Sammelsurium in Geschichten – natürlich mit dazugehörigen Rechen- und Knobelaufgaben. Zum Mitreisen und Mitrechnen!

Fernsehauftritte u. a. bei Stern TV, TV Total, 3 nach 9 und im Mittagsmagazin haben das sympathische Rechengenie Gert Mittring einem breiten Publikum bekannt gemacht. Wenn er nicht gerade mit Hochbegabten arbeitet oder Workshops für Schüler, Lehrer und Unternehmer hält, ist Wurzelziehen seine große Leidenschaft. Jahr für Jahr verteidigt er seinen Weltmeistertitel im Kopfrechnen bei der Mind Sports Olympiad.

Weitere Informationen, auch zu E-Book-Ausgaben, finden Sie bei www.fischerverlage.de

Gert Mittring

Von Pi nach Pisa

Mit Zahlen die ganze Welt verstehen –
Neues vom Rechenweltmeister

FISCHER Taschenbuch

Originalausgabe
Erschienen bei FISCHER Taschenbuch
Frankfurt am Main, Oktober 2015

© S. Fischer Verlag GmbH, Frankfurt am Main 2015
Illustrationen: Sophie Strauß
Karte: Peter Palm, Berlin
Satz: Dörlemann Satz, Lemförde
Druck und Bindung: CPI books GmbH, Leck
Printed in Germany
ISBN 978-3-596-03162-7

Inhalt

Wichtige Informationen für Ihre Anreise ---------- 11

0° Golf von Guinea, im Atlantik
Geographische Koordinaten berechnen ---------- 19

−71° Lambert-Gletscher, Antarktis
Seitenlängen berechnen -------------------- 34

−24° 1770, Queensland, Australien
Rechnen mit Ortsnamen -------------------- 51

−13,8° Apia, Westsamoa, Südpazifik
Warum wir eine Datumsgrenze brauchen -------- 61

−13,5° Sacsayhuaman, Peru
Mit Knotenschnüren rechnen ---------------- 69

−0,5° Nauru, Südpazifik
Body-Mass-Index berechnen _____ 80

−0,1° Ishango, Demokratische Republik Kongo
Rechnen mit Kerben _____ 96

4° Malé, Malediven
Mit Kaurischnecken einkaufen _____ 108

14° Copán, Honduras
Mit dem Mayakalender rechnen _____ 120

31° Alexandria, Ägypten
Mit dem Längengrad die eigene Position
bestimmen _____ 137

32,5° Babylon, Irak
Warum die Stunde 60 Minuten hat _____ 145

32,7° Hatch, New Mexico, USA
Schärfegrad mit der Scoville-Skala berechnen _____ 157

34° Luoyang, China
Erdbeben messen mit Logarithmen _____ 166

38° Avanos, Kappadokien, Türkei
Knoten zählen _____ 180

40° Newark, New Jersey, USA
Containerschiffe beladen _____ 192

41° Rom, Italien
Wie unsere Zeitrechnung in die Welt kam _____ 208

43° Pisa, Italien
Zahlenfolgen entschlüsseln _____ 216

48° Paris, Frankreich
Woher kommt der Meter? _____ 224

51° Greenwich, Großbritannien
Wie spät ist es wirklich? _____ 235

52° Hannover, Deutschland
Denken wie ein Computer _____ 244

77° Qaanaq, Grönland
Kreise quadrieren mit Pi _____ 260

90° Nordpol
Abreisen in Lichtjahren _____ 270

Lösungen _____ 273

Dank _____ 284

Literatur _____ 285

- **Nordpol**

Beaufortsee

- **Qaanaq**

Baffin Bay GRÖNLAND

Europäisches Nordmeer

Barent

Hudson Bay

GROSS-BRITANNIEN

- **Greenwich**   ● **Hannover**

Oberer See   FRANKREICH   ● **Paris**

Michigan see *Huronsee*   **Pisa** ●

USA   *Erie-See*   ● **Newark**   ● **Rom**   TÜ

ITALIEN   ● **Ava**

● **Hatch**   *Mittelmeer*

ATLANTISCHER OZEAN   **Alexandria** ●

Golf von Mexiko   ÄGYPT

HONDURAS   *Karibisches Meer*

● **Copán**

Äquator - ● **Ishar**

●   DEMOKRAT.
Golf von   REPUBLIK
Guinea   KONGO

PERU

Sacsayhuaman ●

ATLANTISCHER OZEAN

PAZIFISCHER OZEAN

ANTAR

Wichtige Informationen für Ihre Anreise

Schon auf meiner ersten Reise entdeckte ich etwas Faszinierendes. Nicht etwa die Berge in Kärnten, der See oder der im Hotel servierte Kaiserschmarren beeindruckten mich als Sechsjährigen, sondern die andersartigen Portionsgrößen der Chipstüten. Statt der bei uns üblichen 150-Gramm-Packungen gab es dort kleinere 42-Gramm-Tüten. Damit boten sich mir völlig neue Rechenmöglichkeiten. Für ein zahlenbegeistertes Kind ein spannender Einstieg in die große weite Welt des Reisens!
Faszinierendes entdecke ich auch heute noch auf jeder Tour. Vor Ort stellt sich einiges anders dar als in einem Buch oder einem Fernsehbericht. Oft entwickle ich auf Reisen Ideen, durch die ich auf neue Rechenwege stoße. Auch lernt man auf Reisen Menschen kennen und erfährt viel über sich selbst – entstehen doch immer wieder Situationen, in denen es gilt, die eigenen Grenzen zu überwinden. Häufig merkt man so erst, was alles in einem steckt.

Eines meiner interessantesten Erlebnisse hatte ich als Student in der Schweiz. Nur Spanier waren außer mir in der Jugendherberge im Jura abgestiegen. Keiner sprach auch nur ein Wort Deutsch oder Englisch. Und ich kein Spanisch. Dachte ich zumindest. Doch dann gelang es mir irgendwie, mich in dieser völlig fremden Sprache zu verständigen. Erstaunlich, wie schnell wir doch lernen, wenn es drauf ankommt!

Neues entdecken und Grenzen überwinden, darum soll es auch auf unserer gemeinsamen Reise von Pi nach Pisa gehen. Vielleicht schlummert mehr rechnerisches Talent in Ihnen als bisher vermutet?

Manche mathematischen Kulturdenkmäler bieten sich geradezu an, um dort einmal vorbeizuschauen. Die Kreiszahl Pi oder die Fibonacci-Zahlen sind so etwas wie die Akropolis oder die Mona Lisa einer herkömmlichen Reise. Irgendwann will man sie einfach gesehen haben. Wir wollen aber nicht nur ehrfürchtig staunen, sondern immer selbst rechnerisch Hand anlegen. Ausgetretene Pfade werden wir also schnell hinter uns lassen.

Weil es sich nicht um eine Pauschalreise, sondern um eine Expedition handelt, werden wir uns nicht pro Kapitel nur eine bestimmte Rechenart vornehmen, sondern uns mit allem, was wir zur Verfügung haben, quer durchs Unterholz schlagen. Statt systematisch Methoden abzuhandeln, wünsche ich mir, dass Sie von den antrainierten mechanistischen Rechengängen wegkommen und eigene Lösungsansätze entwickeln. Wir schauen uns an unseren Reisezielen erst mal danach um, was es überhaupt für uns zu rechnen gibt. Nicht selten sind es mehrere Pfade, die wir einschlagen könnten. Sie sind eingeladen, sich den für Sie attraktivsten auszusuchen. Möglicherweise tut sich vor Ihnen sogar eine Abkürzung auf, die ich ganz übersehen habe?

Die einzelnen Kapitel sind unterschiedlich schwer. Allerdings eignet sich eine Reise nicht dafür, den Schwierigkeitsgrad stetig zu steigern, wie Sie es aus Lehrbüchern kennen. Auf Reisen müssen wir die Herausforderungen nehmen, wie sie kommen. Seien Sie also nicht überrascht, wenn auf ein komplexeres Kapitel auch mal ein einfacheres folgt. Genießen Sie die Pause!

Die Rechenwege habe ich bis auf wenige Ausnahmen so ausgeführt, dass wir sie im Kopf gehen können. Wenn das für Sie manchmal zu ausführlich ist, suchen Sie sich eigene Wege!

Während ich mit der Machete voran ins Rechengestrüpp gehe, sollten Sie immer erst einen Augenblick innehalten und sich die Frage stellen: »Wie würde ich das lösen? Habe ich selbst eine Idee?« Falls Sie nicht immer eigene Ideen im Gepäck haben, liegt das möglicherweise daran, dass Sie einfach aus der Übung sind. Dann schauen Sie am besten erst mal einfach zu.

Manches Reiseziel habe ich gewählt, weil ich mich schon lange gefragt habe: Wo kommt das eigentlich her, was ich da so berechne? Gab es den Äquator schon immer? Und wie sieht es mit dem Nullmeridian aus? Führte er schon immer, so wie heute, durch das englische Greenwich? Warum messen wir in Metern und nicht in Schritten? Woher wissen wir, dass wir uns im Jahr 2015 oder 2016 befinden? Wer hat unsere Zeitrechnung und Jahreszählung festgelegt? Was ist daran von der Natur vorgegeben, und was haben

Menschen erfunden? Und warum hat eine Stunde 60 Minuten und nicht 100? Die Antworten spüren wir quer über alle Kontinente auf. Und dabei wird immer heftig addiert, subtrahiert, multipliziert und dividiert.

Sollten Sie mit den Grundrechenarten noch nicht per Du sein, bietet sich jetzt die Gelegenheit, sie einmal richtig kennenzulernen. Wie bei einem Sprachkurs, bei dem Sie von Anfang an reden, so gut Sie eben können, werden wir learning by doing betreiben. Nützlich wäre es, wenn Sie Ihr kleines Einmaleins in den Rucksack packen.

Da wir nicht nur rund um den Globus unterwegs sind, sondern auch einige Zeitreisen unternehmen, müssen wir viel umrechnen. Das begegnet uns im Alltag nicht mehr allzu häufig. An den Euro haben wir uns mittlerweile gewöhnt. Im Kopf zu überschlagen, wie viele D-Mark das nun wären, ist schon lange passé. Auch im Urlaub sind wir immer seltener mit fremden Währungen konfrontiert. Etwas, was früher selbstverständlich war, nämlich umzurechnen, findet heute kaum noch statt. Und wenn doch, dann lassen wir das den Computer erledigen. Das hat einige Vorteile, aber es macht uns im Hirn auch ein bisschen faul.

Die Reiseroute sieht deshalb vor, dass wir uns in unterschiedlichen Zahlensystemen umschauen. Wir sind so daran gewöhnt, in unserem auf der Zehn basierenden Dezimalsystem zu rechnen, dass wir selten über den Tellerrand schauen. So wie es andere Sprachen und Alphabete gibt, so existieren auch unterschiedliche Zahlensysteme. Dass die Zehn, wie in unserem System, die Grundlage ist, ist keineswegs selbstverständlich.

Höchste Zeit also, sich einmal das Zwanzigersystem der

Maya, das Sexagesimalsystem mit der 60 aus dem Zweistromland und das Binärsystem vorzuknöpfen. Mit dem Sechzigersystem wird es gleich im ersten Kapitel losgehen, wenn wir uns mit unseren geographischen Koordinaten vertraut machen.

Wir werden Dreisätze anwenden, uns an Flächen heranpirschen und die Geheimnisse von Kerbhölzern und Knotenschnüren ausgraben. Auch ein paar Skalen wollen wir uns anschauen und an einigen Punkten nachmessen oder -wiegen. Nicht jeder weiß aus dem Effeff, wie viele Milligramm in einem Kilogramm sind oder wie viele Kilogramm in eine Tonne passen. Ja, schon bei den Quadratmetern hapert es manchmal. Vergessen Sie also Ihren Zollstock und Ihre Waage nicht! An einem Besichtigungspunkt werde ich für Sie ein paar Wurzeln ziehen, Sie können sich aber ganz entspannt zurücklehnen und einfach zuschauen, wenn Sie an dieser Stelle aus der Puste kommen. Zum Mitmachen möchte ich Sie bei den Outdoor-Programmpunkten einladen. Wir werden aus Gletschern Rechtecke zimmern und die Quadratur des Kreises mit Pi zelebrieren.

Gleich zu Anfang möchte ich noch einige Worte darüber verlieren, warum es aus meiner Sicht nichts bringt, sich immer bis zur letzten Nachkommastelle vorzurobben. Den Vielreisenden unter Ihnen mag das unmittelbar einleuchten. Wer sich, schwitzend und mit einem tonnenschweren Rucksack beladen, an einem bröselnden Altertum festkrallt, der sehnt sich nach einem Plätzchen im Schatten und einem kalten Getränk. Nicht aber danach, weitere Nachkommastellen zu errechnen. Die meisten von Ihnen sehe ich in meiner Vorstellung nicken. Die von Ihnen, die nicht genug kriegen können, hält natürlich niemand davon ab, immer noch einen Tick genauer zu rechnen!

Da speziell das Kopfrechnen meine große Leidenschaft ist, hoffe ich, dass Sie mich auch hier auf einigen Pfaden begleiten werden. Sie können sich selbstverständlich auch Notizen machen oder ganz schriftlich rechnen, wenn Sie so leichter vorankommen. Aber ein bisschen geht immer, oder? Also probieren Sie es auch mal im Kopf!

Alle naselang werde ich gefragt, wie ich mir all die Zahlen merken kann. Für mich klingt das so, als würde man Sie fragen, wie Sie erkennen, dass Ihre Enkelkinder Ihre Enkelkinder sind, oder wie Sie sich merken, dass hier Andrea, dort Ihr Ehemann und da hinten vielleicht Ihre Mutter sitzt. Und wie Sie auch auf dem Weg in die Küche nicht vergessen, dass genau diese drei Personen sich jetzt in Ihrem Wohnzimmer aufhalten.

Aber das kann man doch nicht vergleichen, widersprechen Sie jetzt vielleicht. Zahlen sind abstrakt. Das sehe ich nicht so. Sie wissen doch auch, welche Blumen in Ihrem Garten blühen und welche Tiere Sie gerade im Zoo betrachtet haben. Warum sollte es Ihnen bei Zahlen anders gehen?

Mehr als jede Merktechnik hilft einem beim Memorieren von Zahlen eine persönliche Beziehung zu der jeweiligen Zahl. Wenn Sie also auf die 3, die 11 und die 13 stoßen, weil vielleicht die zu merkende Zahl 31113 lautet, dann sind das nicht irgendwelche Zahlen, sondern immer ganz besondere. Jede Zahl ist individuell und einzigartig. Sie hat bestimmte Eigenschaften, ist beispielsweise gerade oder ungerade. Sie könnte eine Primzahl sein, wie es die 3, die 11 und die 13 sind, oder eine Fibonacci-Zahl.

Sie wissen natürlich, wie die Zahlen aussehen. Aber wenn Sie einmal genau hinschauen, sehen Sie, dass einige eckig, andere kurvig sind. Die 0 ist kurvig, die 1 eckig. Die 5 ist beides und die 7, je nach Handschrift, auch. Natürlich kann es noch vieles mehr geben, was Sie mit einzelnen Zahlen verbinden. Meine Lieblingszahl unter den einstelligen Zahlen ist etwa die 5. Ich freue mich jedes Mal, wenn wir uns begegnen.

Auch wenn für diese Reise keine Impfungen nötig sind, Sie weder Ihren Pass verlängern noch Sonnencreme kaufen müssen, sind doch einige Vorbereitungen angesagt. Schauen Sie sich die Zahlen bis zwanzig einmal genau an. Laden Sie sie zu einem Kaffee in Ihre gute Stube ein und beschnuppern Sie sie ein wenig. Fragen Sie sich selbst: Mag ich diese Zahl? Wie gefällt mir ihr Aussehen? Was verbinde ich mit dieser Zahl? Was fällt mir rechnerisch zu dieser Zahl ein? Und dann packen Sie sie bequem in Ihren Koffer!

Treffpunkt für unsere Reisegruppe ist die Kreuzung von Äquator und Nullmeridian. Dort hole ich Sie ab, weil wir nur hier bei den geographischen Koordinaten auf sechs glatte Nuller stoßen. Null Grad, null Minuten, null Sekunden. Und das sowohl beim Äquator als auch beim Nullmeridian. Dieser Ort sieht mir nach einer echten Sehenswürdigkeit aus, auch wenn er noch nicht auf der UNESCO-Welterbe-Liste zu finden ist. Und überhaupt: Wo, wenn nicht bei der Null, sollte ein Buch über Zahlen beginnen?

Ihnen eine gute Anreise!

0° | **Golf von Guinea**
  | *im Atlantik*
  | 0° 0′ 0″ N/S
  | 0° 0′ 0″ O/W
  | Breite: 0°
  | Länge: 0°

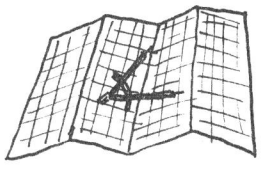

Geographische Koordinaten berechnen

Puh! Schon ein Blick auf die geographischen Koordinaten oben löst einen Schweißausbruch aus. Was woanders vielleicht eine frische Brise wäre, fühlt sich hier, am Treffpunkt unserer Reisegruppe, an wie ein heißer Föhn. Um uns herum ist Wasser. Ein paar Delphine springen hoch, und weiter hinten ist eine Walflosse zu sehen. Schaukelnd kommt die Boje in Sicht, die den Schnittpunkt von Äquator und Nullmeridian markiert. Die Zuhausegebliebenen können sie auf einem von einem Grad-Schnittpunktjäger gepostenen Foto auf der Website des »Degree Confluence Project« anschauen. Bei diesem Vorhaben geht es darum, alle Schnittpunkte von Längen- und Breitengraden zu fotografieren und auf einer Website zu dokumentieren.

Nicht nur wir haben uns hier eingefunden. Vom afrikanischen Gabun im Osten schwitzt der Äquator heran, nachdem er gerade noch die zu São Tomé und Príncipe gehörende Ilheu das Rolas durchquert hat. Seufzend blickt er

auf den riesigen Atlantik, den es noch zu bewältigen gilt, bevor er in Brasilien mit einem Caipirinha im Liegestuhl verschnaufen kann. Der Äquator ist dünn wie ein Strich und sehr lang. Er sieht ein bisschen wie einer dieser kenianischen Langstreckenläufer aus.
Der Äquator ist ein alter Freund von mir. Kennengelernt haben wir uns auf einem Flug nach Namibia, wo ich an einer Schule Kopfrechnen unterrichtete. Seitdem sind wir uns noch einige Male begegnet, wenn ich in Richtung Südhalbkugel unterwegs war.
Haben Sie den südlichen Teil der Erde bereits bereist, und erinnern Sie sich vielleicht auch an Ihre erste Äquatorüberquerung? Für mich war das ein seltsames Erlebnis, weil so gar nichts passierte. Dabei hatte ich mich auf dieses Ereignis gefreut. »Wie spannend wird das sein«, hatte ich meinen Freunden noch am Vorabend aufgeregt in den Ohren gelegen und mir genau ausgerechnet, wann wir die Linie, die uns von der Südhalbkugel trennt, überqueren würden. Doch dann: Nada, niente, rien du tout! Im Flugzeug ist der Äquator dem Kapitän nicht mal eine Durchsage wert. Streng hat seine Cabin Crew die Reisenden ins Bettchen gebracht, keiner darf mehr seine Jalousie öffnen, selbst wenn es draußen taghell ist.
Auch wer wach ist und gebannt auf den Bildschirm am Vordersitz starrt, kann sich nicht sicher sein, den entscheidenden Augenblick zu bemerken. In einer Welt, in der es um uns herum fortwährend blinkt und piepst, herrscht hier Totenstille. Plötzlich befindet sich das kleine Flugzeug auf dem Bildschirm auf der anderen Seite der gestrichelten Linie, die den Äquator markiert. Was für eine Enttäuschung!

Jahrhundertelang wurde in der Seefahrt ein alter Initiationsritus praktiziert: die Äquatortaufe. Wer sich so weit weg von der Heimat begab, wusste nicht, ob er jemals zurückkehren würde. Mit der Taufe bei der Überquerung der Grenzlinie zwischen Nord und Süd bewies ein Seemann Mut und Gläubigkeit.

Als der legendäre englische Entdecker Kapitän James Cook im achtzehnten Jahrhundert auf der »Endeavour« zum ersten Mal den Äquator überquerte, kaufte er sich mit Rum von der Taufzeremonie frei. Genauso drückten sich auch die anderen Gentlemen an Bord. Jeder einfache Matrose aber, der sich weigerte mitzumachen, hätte vier Tagesrationen Alkohol abgeben müssen. So wurden dann alle Neulinge nacheinander von den schon Getauften an einen Stuhl gefesselt, am Großmast hochgezogen und von dort dreimal ins Meer getaucht. Einige Matrosen wären um ein Haar ertrunken, die anderen hatten viel Spaß. So rau ging es damals zu.

Wie lahm sind die Verhältnisse dagegen heutzutage. Der alte Brauch ist zum Halligalli für Kreuzfahrttouristen verkommen, bei dem der Gott des Meeres mit grünem Gesicht und Dreizack Freiwillige tauft, die anschließend in den Pool springen, während die Mitreisenden mit einem Cocktail in der Hand applaudieren.

Aber keine Sorge, ich will Sie nicht vom Großmast ins Meer tauchen! Was mich umtreibt, ist die Degradierung dieser Trennlinie von Süd und Nord. Auch wenn eine Äquatorüberquerung für einen Flugkapitän sicher so spannend ist, wie es für mich ist, über die Brücke in die Bonner Innenstadt zu laufen, für uns andere ist es immer noch ein Ereignis, das sich in unserem Gedächtnis festsetzt, selbst wenn es mit keiner Taufe verbunden ist.

Und ein bisschen was könnte doch wirklich passieren? Jedes Mal, wenn ich mich bei meinem Computer anmelde, begrüßt er mich mit: »Hallo, Gert!« So ein kleines »Willkommen auf der Südhalbkugel!« auf dem Bildschirm vor mir würde mir auf einem Flug in den Süden schon reichen.

Ist der Äquator so etwas wie der Hauptdarsteller unseres geographischen Koordinatensystems, tritt der Nullmeridian als bester Nebendarsteller auf. Ihn stelle ich mir blass vor wie die Mehrzahl seiner englischen Landsleute. Er erreicht den Äquator vom Norden aus Ghana kommend, wo er nahe der Hauptstadt Accra ins Meer wandert, um erst in der Antarktis wieder auf Land zu treffen. Auch ihm ist heiß, doch schon bald wird er wieder zum dicken Pulli greifen. Wir werden auch ihn noch gründlich kennenlernen.

Was sind eigentlich Koordinaten?

Ich habe die ungefähren Koordinaten eines Ortes immer im Kopf. Dabei denke ich nicht bewusst darüber nach, es ist eher so, als würde automatisch ein kleines Programm in meinem Hinterkopf aktiviert, wenn ich mich von einem Ort zum anderen bewege. Wenn ich von meiner Heimatstadt Bonn an den Äquator reise, bedeutet das für mich auch, dass ich auf dem imaginären Gitternetz, das unsere Erde in Längen- und Breitengrade unterteilt, von 51 Grad

Nord und 7 Grad Ost zur Position null unterwegs bin. Jeder Ort auf der Erde ist nämlich durch zwei Größen definiert.

Die 360 Längengrade gehen vom Nullmeridian aus in beide Richtungen, bis sie beim 180. Längengrad wieder zusammenstoßen. Sie laufen jeweils vom Nordpol zum Südpol, sind also längs, wie ihr Name schon sagt. Die Breitengrade laufen rundherum um die Erde und werden vom Äquator aus in beide Richtungen bis neunzig gezählt.

Der Äquator ist 40 075 Kilometer lang, die Route vom Nordpol zum Südpol nur etwa 20 000 Kilometer. Dafür gibt es sie zweimal. Während die Breitengrade also rund um die Erde laufen, erhalten die Längengrade auf der anderen Seite der Pole eine neue Nummer. Spazieren wir über den Nordpol oder den Südpol, wird der Nullmeridian zum 180. Längengrad und zur Datumsgrenze, wo sich Ost und West wiedertreffen. Teilt der Äquator die Welt in Nord und Süd ein, diktiert der Nullmeridian, ob wir im Osten oder im Westen leben.

An der breitesten Stelle am Äquator beträgt der Abstand zwischen zwei Längengraden 111,32 Kilometer. Je weiter es in Richtung der Pole geht, desto geringer der Abstand. Am Nordpol und am Südpol laufen dann alle Längengrade in einem Punkt zusammen.

Längengrad und Breitengrad tragen heute offiziell die sperrigen Namen »geographische Länge« und »geographische Breite«. Da die Erde rund ist, teilen wir sie wie einen Kreis in 360 Grad ein. Die Koordinaten sind Winkelangaben auf der Erdoberfläche, gemessen vom Erdmittelpunkt aus. Gemessen wird in Bogengrad, Bogenminuten und Bogensekunden. Ein Grad hat 60 Minuten, genau wie unsere Stunde. Die Bogenminute hat 60 Bogensekunden. Der kleine Kreis, °, steht für Grad, der Apostroph, ', für Minuten und die Anführungszeichen oben, ", für Sekunden.

Ausgehend vom Äquator wird immer zuerst die Nord-Süd-Richtung genannt, dann folgt die Angabe, wie weit östlich oder westlich wir uns befinden. N steht für Nord oder North, S für Süd oder South, W für West und O oder E für Ost oder East. Manchmal werden Süden und Westen auch mit negativen Vorzeichen gekennzeichnet. Die Richtungsangaben stehen mal vor den Zahlen, mal dahinter.

Mit diesen unterschiedlichen Schreibweisen sind wir auch schon mittendrin in der Erkundung anderer Zahlensysteme. Die klassische Schreibweise mit Grad, Minuten und Sekunden beruht wie die Minuten und Sekunden unserer Stunde auf dem Sexagesimalsystem. Doch es gibt auch eine dezimale Schreibweise.

Umrechnen ins dezimale System mit dem Minutenansatz

Werfen wir einmal einen Blick auf die Koordinaten von Bonn, von wo ich gerade angereist bin:
50° 44' 15" N, 7° 5' 54" O
Vorne stehen die Angaben zum Breitengrad. Bonn befindet sich am 50. Breitengrad. Allerdings nicht ganz genau auf dem 50. Breitengrad, sonst ständen hinter der 50 nur noch Nullen. Sie sehen aber, dass nur 15 Minuten und 45 Sekunden bis zum 51. Breitengrad fehlen. An dem N für Norden erkennen Sie, dass Bonn sich auf der Nordhalb-

kugel befindet. Wenn wir dort ein S hätten, befänden wir uns irgendwo auf der Höhe von Patagonien. Jetzt kommt ein Komma, nach dem die Angaben für die Ost-West-Richtung folgen. Bonn liegt also etwas östlich des 7. Längengrades.

Zeit für ein paar Berechnungen. Jetzt können Sie spielerisch entdecken, wie ein Grad oder eine Stunde unterteilt wird. Vielleicht kennen Sie dezimale Stunden aus Ihrer Arbeitswelt? Viele Navigationssysteme arbeiten mit dezimalen Grad-Unterteilungen. Mir scheint es nützlich zu sein, die Werte in beiden Varianten ausdrücken zu können, um den Zusammenhang zu verstehen.

Wir steigen direkt mit einer mittelschwierigen Aufgabe ein. Falls Sie nicht gleich mitkommen, lassen Sie sich bitte nicht abschrecken. Es wird gleich danach wieder leichter.

Wenn wir ins dezimale System umrechnen, heißt die erste Regel, dass die Grad-Zahl so bleibt, wie sie ist. Der 50. Breitengrad bleibt der 50. Breitengrad. Die 50 können wir also schon mal übernehmen. Umgerechnet werden nur die Minuten und Sekunden. Sie werden gleich hinter einem Komma stehen, wenn wir sie von einem auf 60 basierenden System in ein Dezimalsystem umrechnen. Um unsere erste Nachkommastelle zu berechnen, verteilen wir also unsere 60 Einheiten auf nur noch 10 Einheiten.

Überlegen Sie bitte einfach einmal, wie Sie vorgehen würden, um die Aufgabe zu lösen! Nehmen Sie auch ruhig einen Zettel und einen Stift und tüfteln etwas herum.

Mit dem Minutenansatz wollen wir es uns leichtmachen und erst mal nur die Minuten umrechnen. Wir beginnen mit dem Breitengrad.

Wir gehen davon aus, dass 60 Minuten einem Grad entsprechen. Das führt zu der Überlegung, dass 0,1 Grad 6 Minuten entsprechen.

60' = 1°

6' = 0,1°

Jetzt fragen wir uns, wie viele 6-Minuten-Einheiten in 44 Minuten sind.

44 : 6 = 7 Rest 2

Damit haben wir 0,7 Grad ausgerechnet. Es bleiben zwei Minuten übrig. Diese zwei Minuten entsprechen einer Drittel-6-Minuten-Einheit oder einem Drittel von 0,1 Grad. Das entspricht 0,0 Periode 3 Grad.

Wir könnten hier auch eine Null hervorkramen und rechnen:

20 : 6 = 3 Rest 2

Sie sehen dann, dass immer wieder ein Rest von 2 bleibt, wir also eine Periode erhalten.

Bonn hat also die Koordinate 50,73Periode oder $50,7\overline{3}$. Das ist nicht ganz genau gerechnet, denn die Sekunden haben wir bei dieser Vorgehensweise übergangen.

Weil die Koordinate im Norden liegt, ist sie eine positive Zahl. Jedoch wird das + vor den positiven Zahlen meist weggelassen und nur vor die negativen Werte ein Minus gesetzt.

Genauso verfahren wir jetzt mit den Angaben für die Ost-West-Richtung. Hier hatten wir: 7° 5' 54".

Die 7 Grad tasten wir nicht an. Stattdessen rechnen wir aus, wie viel 5 Bogenminuten in einem Dezimalsystem sind.

Wie viele 6-Minuten-Einheiten, die jeweils 0,1 Grad ergeben, sind in der 5 drin?

Das ist leicht zu beantworten, dafür müssen wir nicht mal rechnen. Es ist keine. Die erste Nachkommastelle ist damit eine 0.

Um uns die Division bei unserer zweiten Nachkommastelle zu erleichtern, hängen wir eine 0 an die 5. Wie oft geht die 6 in die 50? Oder:

50 : 6 = 8 Rest 2

Die 6 geht 8-mal in die 50. Es bleibt ein Rest von 2.

Jetzt fragen wir wieder: Wie oft geht die 6 in die 20?

20 : 6 = 3

Es bleibt ein Rest von 2, der bei jedem weiteren Rechengang hier auch wieder auftaucht. Wir haben deshalb hier $\overline{3}$.

Wir erhalten als Ergebnis $0{,}08\overline{3}$ und hängen diese Zahlen einfach an die Grad-Zahl an. $7{,}08\overline{3}$ lautet also das Ergebnis, wenn wir die Sekunden wieder vernachlässigen.

Der Sekundenansatz

Wenn Sie im Kopf rechnen wollen, ist es einfacher, wenn Sie nicht gleich mit der nächstbesten Zahl, hier also den Minuten, rechnen, sondern sich die Zahlen erst komplett ansehen.

Beim Sekundenansatz wird nicht mit Minuten, sondern, wie der Name schon sagt, mit Sekunden gerechnet. Er ist deshalb natürlich genauer, weil alles bis zur letzten Sekunde umgerechnet wird.

Statt »0,1 Grad entspricht 6 Minuten«, sagen wir dieses Mal:

$0{,}01° = 36''$

Denn 1 Grad sind nicht nur 60 Minuten, sondern diese 60 Minuten enthalten jeweils noch 60 Sekunden.

60 * 60 = 3600

Diese Methode erkläre ich anhand des Längengrades, also 7° 5′ 54″ O. Bei der nächsten Methode kümmern wir uns dann wieder um den Breitengrad.

Um die Koordinate umzurechnen, bietet es sich also an, Minuten und Sekunden zusammenzuzählen und in einem Rutsch wegzurechnen. Denn 5 Minuten und 54 Sekunden sind nicht nur fast 6 Minuten. 5 Minuten und 54 Sekunden sind 5,9 Minuten. Denn wenn 60 Sekunden 1 Minute sind, dann sind 54 Sekunden genau 0,9 Minuten.

Diese 5,9 Minuten teilen wir jetzt durch 60, um sie dezimal umzurechnen. Einfacher geht es aber, wenn wir 59 : 6 rechnen und uns merken, dass wir dann das Komma im Ergebnis um zwei Stellen nach links schieben müssen. Um zwei Stellen nach links deshalb, weil wir das Komma der 5,9 hier nach rechts verschoben und bei der 60 eine Null gekürzt haben, was ebenfalls einer Kommaverschiebung nach rechts entspricht.

Auf dieses Kommaschieben werden Sie in diesem Buch noch öfters stoßen. Ich halte es für eine gute Methode, um Zahlen zu vereinfachen.

59 : 6 = 9 Rest 5

Mit der Null angehängt, ergibt sich dann

50 : 6 = 8 Rest 2

Mit einer weiteren Null angehängt, ergibt sich

20 : 6 = 3 Rest 2, und dann geht es immer so weiter. Insgesamt erhalten wir $59 : 6 = 9,8\overline{3}$.

Jetzt müssen wir das Komma um zwei Positionen nach links

verschieben, weil wir ja mit 59 und nicht mit 5,9 gerechnet und durch 6 und nicht durch 60 geteilt haben. Wir haben dann insgesamt 7,098$\overline{3}$.

Das Mischverfahren

Sie können natürlich immer dasselbe Verfahren anwenden, egal, auf welche konkreten Zahlen Sie in einer bestimmten Rechensituation treffen. Man kann aber auch die Rechenwege an die Zahlen anpassen. Und es ist auch möglich, die Rechenwege zu mischen. Also mal so, mal so rechnen, wie es den vorgefundenen Zahlen am besten entspricht.

Beim Mischverfahren werden die vollen 6-Minuten-Einheiten mit jeweils 0,1 Grad verrechnet, was dem Minutenansatz entspricht. Dann wechseln wir das Verfahren und machen bei der angebrochenen 6-Minuten-Einheit mit dem Sekundenansatz weiter. Dadurch entstehen die zweite und weitere Nachkommastellen.

In diesem Fall nutze ich die Situation aus, dass Bonn beinahe 45 Minuten nördlich des 50. Breitengrades liegt – es fehlen nur noch 45 Sekunden, um die 45. Minute vollzumachen.

Damit Sie jetzt nicht blättern müssen, hier noch einmal die Zahl: 50° 44' 15" N.

Meine Überlegungen sind folgende: 45 Minuten entsprechen einem Dreiviertelgrad, genauso, wie 45 Minuten einer Dreiviertelstunde entsprechen. Damit hätte Bonn die Breitenkoordinate 50,75. Jetzt steht aber in Wirklichkeit keine

45 da, sondern 44, und wir müssen uns noch um einige Sekunden kümmern.

Hier können wir auf unser Wissen zurückgreifen, dass 36 Sekunden einem Hundertstelgrad entsprechen, weil ein Grad aus 60 * 60 = 3600 Sekunden besteht. Die 45 Sekunden müssen dann $\frac{45}{36}$ oder gekürzt $\frac{5}{4}$ = 1,25 Hundertstelgrad entsprechen. Diese 0,0125 Grad müssen dann nur noch von 50,75 Grad abgezogen werden.

```
  50,7500
-  0,0125
  50,7375
```

Unsere gesuchte Dezimalzahl lautet also 50,7375. Insgesamt hat Bonn danach in dezimaler Schreibweise die Koordinaten: 50,7375 N, 7,098$\overline{3}$ O. Und diesmal haben wir auch die Sekunden berücksichtigt. Hoffentlich habe ich Sie nicht allzu sehr mit Möglichkeiten überschüttet? Es gibt eben jede Menge Alternativen, um 60 Minuten à 60 Sekunden in ein Dezimalsystem zu schieben.

Entlang der Koordinaten reisen

Lassen wir die Rechnerei etwas sacken und sprechen zur Erholung lieber erst mal über unsere Reiseroute? Sollen wir vom Nullpunkt westwärts reisen wie einst Captain Cook auf seiner ersten Fahrt? Um Kap Hoorn herum in die Südsee? Dann nach Australien, Indonesien und über das Kap der Guten Hoffnung zurück nach Europa? Oder begeben wir uns auf große Fahrt nach Osten, wie Phileas Fogg in »In 80 Tagen um die Welt«?

An dieser Stelle mischt sich der Äquator ein: »Ihr habt sie wohl nicht mehr alle!«, quengelt er. »Vergesst diese Ost-West-Denke. Meine Breitengrad-Kollegen und ich stehen bei den Koordinaten an erster Stelle! Entscheidend ist, wie weit südlich oder nördlich man sich von mir befindet.«

Wo er recht hat, hat er recht! Wenn wir in einer rein numerischen Reihenfolge vorgehen, dann zählt die Nord-Süd-Ausrichtung. Die Zahlen der Breitengrade legen also unsere Route fest. Bleibt nur noch zu klären, wohin wir uns zuerst wenden. Auch dazu hat der Äquator natürlich eine Meinung: »Na, erst die Minuszahlen«, mault er. »Ist doch klar, dass die vor den positiven Zahlen dran sind.« Ein Minus vor dem Breitengrad bedeutet, dass wir ganz im Süden beginnen.

»Ihr wisst gar nicht, wie gut ihr es habt«, fährt der Äquator fort. »Ihr könnt reisen, wohin ihr wollt. Wie gerne würde ich auch mal von meiner Route abweichen. Doch ich muss immer rundherum um die Kugel. Und immer auf derselben Bahn. Und das bei dieser Hitze! Jetzt kommt schon wieder die Atlantiküberquerung, dann geht es durch den brasilianischen Dschungel. Es ist zwar immer der gleiche Weg, doch jedes Mal ist wieder alles zugewachsen. Und dann erst die Anden! Sich da hochzuschleppen ist auch kein Spaß!«

Mit diesen Worten lässt er die Boje los und schwimmt gen Brasilien. Haargenau geradeaus.

Auch wir sind hier fertig. Schnell noch mal durchzählen. Auch die Nachzügler unserer Reisegruppe sind jetzt eingetroffen. Willkommen an Bord! Gleich legen wir ab. Machen Sie es sich schon mal mit ein paar Aufgaben bequem.

Aufgaben

1. Der Äquator hat Brasilien erreicht. Seine wohlverdiente Pause legt er in der Stadt Macapá an der Amazonasmündung ein (0° 2' 8" N, 51° 4' 14" W). Die Stadt empfängt ihn nicht nur mit einem Denkmal zu seinen Ehren, dem Monumento de Marco Zero, sondern auch mit einem Fußballstadion und einem Sambadrom. Am Monument ist der Äquator auf dem Boden markiert, so dass man auf ihm balancieren kann. Die Mittelfeldlinie des Stadions verläuft genau auf dem Äquator, so steht jedes Team in einer anderen Hemisphäre. Wir wissen, dass am Äquator zwischen zwei Längengraden 111,32 Kilometer liegen. Welche Entfernung hat der Äquator seit unserem Treffen an der Nullpunkt-Boje zurückgelegt? Zum Aufwärmen reicht es, wenn Sie die Vorkommastellen ausrechnen. Versuchen Sie es mal im Kopf!

2. Jetzt rechnen Sie die Koordinaten von Macapá einmal in das dezimale System um. Wählen Sie einfach einen der Ansätze aus oder versuchen Sie es mit mehreren!

3. Überlegen Sie, wie viele Schnittpunkte von Längen- und Breitengraden sich insgesamt auf der Erde befinden! Die Breitengrade gehen in jede Richtung bis 90, die Längengrade bis 180. Denken Sie daran, dass an den Polen alle Längengrade in einem Punkt zusammenlaufen! Und berücksichtigen Sie auch, dass der 180. Längengrad nur einmal existiert, genauso wie Äquator und Nullmeridian.

4. Zusätzlich zu unserer offiziellen Route gibt es eine heimliche Route. Diese hat nur spielerische Relevanz und soll zu einer Rechenübung einladen, um Sie ein wenig zu trainieren. Auf dieser Route werden zwar dieselben Orte angesteuert, aber in einer anderen Reihenfolge. Die heimliche Reiseroute können Sie errechnen, indem Sie die Zahlen in Bogengrad, Bogenminuten und Bogensekunden zusammenzählen. Sowohl für die Breitengrade als auch für die Längengrade. Orte, die im Süden oder Westen liegen, erhalten für diese Zahlen ein Minus vor der Zahl. Ich mache das einmal vor anhand der Koordinaten von Bonn, Nürnberg und Macapá.

Bonn: 50 + 44 + 15 + 7 + 5 + 54 = 175
Nürnberg: 49 + 31 + 49 + 10 + 50 + 14 = 203
Macapá: 0 + 2 + 8 − 51 − 4 − 14 = −59

Daraus ergäbe sich eine Reiseroute von Macapá über Bonn nach Nürnberg, wenn diese Orte denn auf unserer Route lägen.

Mit dieser Aufgabe können Sie sich warmrechnen. Mit dem Taschenrechner ist es kein Kunststück, sie zu lösen. Probieren Sie aber erst, wie weit Sie im Kopf kommen! Die Angaben, die Sie zu den Koordinaten benötigen, finden Sie im Inhaltsverzeichnis auf einen Blick oder bei den jeweiligen Kapiteln.

Sie können die einzelnen Berechnungen auch als kleines Rechenhäppchen, sozusagen als Proviant, beim entsprechenden Kapitel unternehmen. Dann haben Sie länger etwas davon!

−71° | **Lambert-Gletscher**
Antarktis
71° 0′ 0″ S
70° 0′ 0″ O
Breite: −71°
Länge: 70°

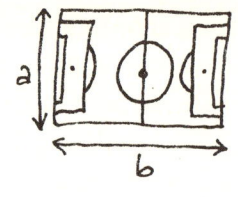

Seitenlängen berechnen

Mit einem riesigen Satz haben wir 71 Breitengrade nach Süden und fast genauso viele Längengrade nach Osten übersprungen. Wenn wir dem 70. Längengrad von hier aus nach Norden durch den Indischen Ozean folgen würden, kämen wir irgendwann im Westen Indiens an Land. Unser Sprung von der Boje im Atlantik zum Südpolarmeer hat uns zum größten Gletscher der Welt in der Antarktis gebracht.
Nur gut, dass wir unsere Mützen und Handschuhe dabeihaben. Zwar haben wir uns eine kleine Erfrischung verdient, doch die Temperaturen in der Ostantarktis finden höchstens die uns neugierig musternden Pinguine angenehm.
−10 Grad Celsius beträgt die Durchschnittstemperatur an der Küste des antarktischen Kontinents, −60 im Inland. Den auf der Erde gemessenen Kälterekord hält mit −89,2 Grad die nur einige hundert Kilometer entfernt liegende Forschungsstation Wostok. Verglichen damit sind −10 Grad noch richtig kuschelig.

Also, genießen wir den frischen Wind und tanken ein wenig Kälte, denn vom größten Gletscher der Welt werden wir uns Kapitel für Kapitel wieder weiter Richtung Norden begeben und dabei bald in wärmere Regionen vorstoßen.
Mit der Geographie der Antarktis ist es so eine Sache. Zu meiner Schulzeit zählte man nur fünf Kontinente, heute gehört die Antarktis dazu. Dennoch ist sie eine Terra incognita, die sich auf dem Globus ganz unten versteckt und im Atlas oft viel zu klein abgebildet ist. Irgendwo da, wo gerade noch Platz war. Und weil nur wenige Menschen sich hier aufhalten, ist den meisten von uns gar nicht klar, wie groß dieser zu 98 Prozent mit bis zu viereinhalb Kilometer dickem Eis bedeckte Kontinent ist: sagenhafte 14 Millionen Quadratkilometer.

Sind Sie flächenblind?

Und jetzt frage ich mal in die Runde: Wie wirkt diese Zahl auf Sie? Können Sie sich darunter etwas vorstellen? Entsteht gleich eine Vorstellung bei Ihnen, wie groß das in etwa sein könnte? Oder sagt diese Zahl Ihnen zunächst nichts? Ich vermute, dass in Ihrem Kopf keinerlei Vorstellung entsteht, wie groß eine Fläche von 14 Millionen Quadratkilometern ist. Wenn das so ist, dann geht es Ihnen wie fast allen, mit denen ich gesprochen habe.
Dieses Phänomen bezeichne ich als Flächenblindheit. Fast niemandem scheinen Flächenangaben etwas zu sagen. Fast ist es, als würde jemand in einer fremden Sprache mit uns

reden. Natürlich machen uns auch andere große Zahlen zu schaffen. Entfernungen beispielsweise können wir uns aber noch so ungefähr vorstellen, auch wenn das bei größeren Distanzen gar nicht so einfach ist. Doch wir wissen, dass 10 000 Kilometer Entfernung bedeuten, dass wir lieber ins Flugzeug steigen sollten. Wir können also die Größe richtig einschätzen.

Bei Flächen schaffen wir aber nicht mal das. Mit Ach und Krach gelingt es uns, uns vorzustellen, wie groß in etwa ein Zimmer von 12 Quadratmetern aussieht. Aber sind 10 000 Quadratkilometer ein Schrebergarten oder schon die Fläche der USA? Gut, für einen Schrebergarten halten Sie diese Fläche vielleicht nicht, einfach weil die Angabe in Quadratkilometern und nicht in Quadratmetern ist. Das klingt gleich nach etwas Größerem. Aber wie groß? Wie Liechtenstein oder eher wie die Schweiz? Oder vielleicht doch Österreich? Und wie groß sind dann erst 14 Millionen Quadratkilometer? Journalisten kennen ihre Pappenheimer und bringen deshalb immer einen Vergleich, nie würden sie uns einfach so eine Flächenangabe präsentieren, weil sie wissen, dass uns das nur wenig sagt. »Größer als Europa« oder »fast doppelt so groß wie Australien«, heißt es dann über die Antarktis, und schon können wir uns in etwa eine Vorstellung machen.

Eine weitere beliebte Maßeinheit ist das Fußballfeld. Dass etwas so groß ist wie zehn Fußballfelder, geht eher in die meisten Köpfe als eine Angabe in Quadratmetern oder Quadratkilometern. Weil das mit den Fußballfeldern ja auch mal ein bisschen langweilig werden kann, habe ich hier eine Größentabelle mit anderen spannenden Vergleichen:

500 m²	Größe, ab der ein Eisberg als Eisberg gilt, laut Definition des Naval Ice Center der USA
1 365 m²	Eislaufbahn vor dem Pariser Rathaus
1 800 m²	Eishockeyfeld
5 500 m²	Gesamtfläche des Eishotels im schwedischen Jukkasjärvi
1,64 km² (164 Hektar)	zugefrorene Außenalster in Hamburg
11 600 km²	B15, ein riesiger aus dem Ross-Schelfeis der Antarktis stammender Eisberg
14 000 km²	Wostoksee, der etwa 4 Kilometer unter dem Eis der Antarktis liegt
2 166 086 km²	Grönland

Das Flächen-Alphabetisierungsprojekt

Mathe war ja schon für viele ein Angstfach, aber nichts war schlimmer als Geometrie. Ich selbst erinnere mich noch daran, wie ich einmal eine Fünf schrieb, obwohl ich mich richtig angestrengt hatte. Es ging um Dreiecke, und ich habe bis heute kein entspanntes Verhältnis zu Dreiecken entwickelt.

Das Problem war wie so oft in der Schule, dass es nur selten einen Bezug zum Alltag gab und wir nie erfuhren, warum wir die Dreiecke bis in den letzten Winkel immer wieder vermessen sollten. Dabei haben diejenigen, die wohl zuerst damit herumhantierten, nämlich die alten Ägypter, sie ganz praktisch zum Vermessen ihrer Felder eingesetzt. Doch dann hat man eine Spezialwissenschaft daraus gemacht, die leider bei uns anderen bewirkt, dass wir ein ungutes Gefühl im Bauch verspüren, wenn wir irgendwo ein Winkeldreieck sehen, weil es uns daran erinnert, wie sehr wir in der Schule gehofft haben, dass sich die Dreiecke möglichst schnell wieder in ihre Winkel verziehen mögen.

»Ein verkümmertes Verständnis von Raum und Geometrie« diagnostizierten auch die beiden Mathematikdidaktik-Professoren Ulrich Kortenkamp und Anselm Lambert, als sie für die »Zeit«, die »Stiftung Rechnen« und das Meinungsforschungsinstitut Forsa im Frühjahr 2013 einen Rechentest entwickelten, den sie tausend Deutschen vorlegten. Wie Sie vielleicht schon vermuten, schnitten die Teilnehmer nicht allzu gut ab.

Erobern wir uns also ein kleines Stückchen Kompetenz in Hinsicht auf Flächen, indem wir ein Alphabetisierungsprojekt starten. Der Buchstabe A, also der erste Lernschritt, wird für uns sein, aus einer Flächenzahl die Seitenlängen eines Rechtecks zu berechnen und uns auf diese Weise der Fläche anzunähern. Den unbeliebten Dreiecken werden wir das ganze Buch über die kalte Schulter zeigen. Ehrenwort!

Selbstverständlich sind weder die Antarktis noch der Lambert-Gletscher ein Rechteck. Die Natur hat es ja im Allgemeinen nicht so mit geraden Flächen. Seen, Flüsse, Meere, Wälder, Berge, Wüsten, da ist nicht viel, was gerade ist. Schon gar nicht ist die Antarktis flach, was ein Rechteck ja sein sollte. Vielmehr ist sie der bergigste aller Kontinente.

Uns hält das nicht auf. Unser Projekt heißt Gletscher zu Rechtecken machen, um unser Verständnis von Flächen und Größen zu trainieren. Sie werden sehen, dass das geht.

Das Problem mit unserem Geometrieunterricht war doch gerade, dass alles bierernst und zu wenig verspielt war. Hätten wir uns als alte Ägypter verkleidet und den Rasen um die Schule vermessen, hätten wir vielleicht ein innigeres Verhältnis zu Dreiecken aufgebaut! Was fehlte, war diese unbeschwerte Pippi-Langstrumpf-Haltung: »Ich mach mir die Welt, widdewidde, wie sie mir gefällt.« Auch, wenn wir Pippi bei ihren Rechenkünsten à la »2 mal 3 macht 4 widdewiddewitt, und 4 macht Neune« nicht folgen wollen, sollten wir uns eine Scheibe von ihrem kreativen Umgang mit den Dingen abschneiden.

Mit der mathematischen Definition eines Rechtecks will ich Sie nicht allzu sehr quälen. Ich denke, Sie wissen, wie ein Rechteck aussieht: Es ist nicht rund. Es hat vier Ecken und vier Seiten. Die gegenüberliegenden Seiten sind gleich lang und parallel. Auch ein Quadrat ist ein Rechteck, aber andere Vierecke sind es nicht unbedingt. Es sieht so aus:

Abb. 1:

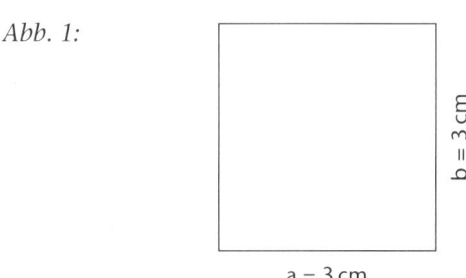

Es könnte aber beispielsweise auch so oder so aussehen:

Abb. 2:

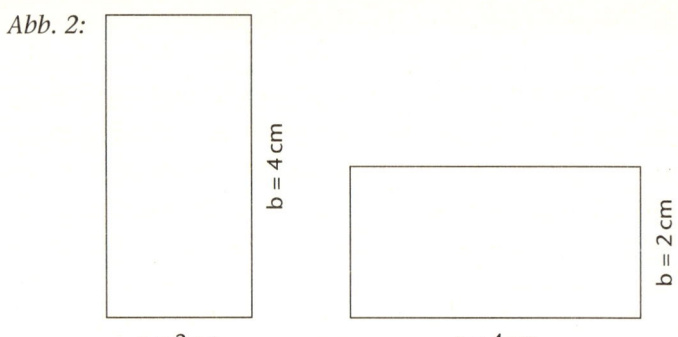

Die Fläche erhalten wir ganz einfach, indem wir die Seitenlängen a und b miteinander multiplizieren. Bei unserem Quadrat in Abbildung 1 ergeben also die Seitenlängen von jeweils 3 cm eine Fläche von 9 cm², weil 3 * 3 = 9 ist. Und bei unseren Rechtecken in Abbildung 2 erhalten wir jeweils 2 * 4 = 8 cm².

Selbst wenn die Zahlen einen Tick größer werden, gelingt es den meisten von uns, im Kopf zu überschlagen, wo wir größenmäßig landen. Schwierig ist für viele aber der umgekehrte Weg. Von zwei Seitenlängen auf eine Fläche zu schließen: kein Thema! Doch von einer Fläche zu den Seitenlängen zu gelangen ist etwas ganz anderes.

Der Grund dürfte sein, dass uns Quadrieren leichter fällt, als die Wurzel aus einer Quadratzahl zu ziehen. Das ist, als würde man den Rückweg nicht mehr finden, obwohl derselbe Weg hin kein Problem war. Deshalb verrate ich Ihnen ein paar Kniffe, wie Sie sich ein grobes Gefühl für Größenordnungen antrainieren können. Und das ohne große Rechnerei und Wurzelziehen.

Größenordnungen von Flächen grob erfassen

Knüpfen wir uns jetzt die Fläche von 10 000 Quadratkilometern vor. Wie groß würden Sie die Seitenlängen dieser Fläche schätzen, wenn wir annehmen, dass es sich um ein Quadrat handelt? Rechnen Sie jetzt nicht nach, sondern schauen Sie auf die Auflistung und schütteln einen Tipp aus dem Ärmel!

10 * 100
100 * 100
100 * 1000
1000 * 1000

Wir schauen zunächst nur auf die Zahl und lassen die dazugehörige Einheit aus dem Spiel. Wir nehmen der Einfachheit halber das Quadrat aus Abbildung 1, welches aus vier gleich langen Seiten besteht (Spezialfall a = b).

Wenn die Zahl, in unserem Beispiel 10 000, aus einer 1 und einer geraden Anzahl von Nullen besteht, ergibt sich stets als Seitenlänge die 1 gefolgt von halb so vielen Nullen.

Die Einheit bleibt, nur das Quadrat fällt weg. Wenn wir also wie in unserem Beispiel Quadratkilometer haben, dann ist die Einheit jetzt Kilometer. So wird aus der Fläche von 10 000 Quadratkilometern eine Länge von 100 Kilometern. Und weil es sich um ein Quadrat handelt, gilt das für jede Seite.

Nehmen wir jetzt eine Fläche von 1 000 000 Quadratkilometern und gehen auf die gleiche Weise vor: Aus sechs Nullen werden drei Nullen. Aus Quadratkilometer wird Kilometer. Die Seitenlänge dieses Quadrats beträgt also 1000 Kilometer.

Wie gehen wir aber vor, wenn wir es mit Flächeninhalten

von 10, 1000, 100 000 oder 10 000 000 Quadratkilometern zu tun haben? Alles Zahlen mit einer ungeraden Anzahl von Nullen. Da wir die einzelne Null nicht nochmal halbieren können, funktioniert die beschriebene Vorgehensweise jetzt nicht mehr.

Hier ist ein kleiner Kniff notwendig: Wir streichen die letzte Null und ersetzen als grobe Annäherung die führende 1 der Seitenlänge durch eine 3, weil 3 * 3 nahezu 10 ergibt.

Nehmen wir als Beispiel eine Fläche von 1000 Quadratkilometern. Wir streichen eine Null und haben 100 Quadratkilometer. Damit erhalten wir eine Seitenlänge von 10 Kilometern. Nun brauchen wir nur noch die führende 1 durch eine 3 zu ersetzen. Die Seitenlänge beträgt also 30 Kilometer. Streng genommen müsste sie etwas länger sein, nämlich 31,6... Kilometer. Uns geht es bei diesem Kniff aber natürlich nicht um Feinheiten, weil wir hier nur mit groben Annäherungen rechnen.

Bei 100 000 Quadratkilometern verfahren Sie genauso. Der Rechenweg sieht skizzenhaft so aus:

$$100\,000\,km^2 \to 10\,000\,km^2 \to 100\,km \to 300\,km$$

Ziemlich einfach oder? Probieren Sie es mal mit 10 000 000 Quadratkilometern. Das ist etwa die Fläche von Kanada. Die Lösung finden Sie hinten im Lösungsteil.

Diese Vorgehensweise funktioniert grundsätzlich immer. Es spielt keine Rolle, ob die Einheit Quadratkilometer, Quadratmeter oder vielleicht Quadratzentimeter ist. Die Rechenschritte bleiben unverändert. Dieses Verfahren wenden Sie einfach an, wenn die Zahl mit einer 1 beginnt und dann mehrere Nullen folgen.

Aus einer Fläche ein Quadrat machen

Das war nur ein kleines Warm-up. Wir haben recht grob gerechnet. Jetzt wollen wir uns die Flächen einmal gründlicher vorknöpfen.

Dafür sollten Sie die ersten zehn Quadratzahlen kennen. Damit meine ich Zahlen des Typs 1 * 1, 2 * 2 oder allgemein a * a. Für diejenigen, die einen Reminder benötigen, liste ich sie noch mal auf:

1, 4, 9, 16, 25, 36, 49, 64, 81, 100

Nehmen wir als Beispiel die 14 Millionen Quadratkilometer der Antarktis. Jetzt schneiden wir einfach mit einer unsichtbaren Schere Schritt für Schritt immer zwei Ziffern von hinten weg.

$$14\,000\,000\,km^2 \rightarrow 140\,000\,km^2 \rightarrow 1400\,km^2 \rightarrow 14\,km^2$$

Das machen Sie so lange, bis alle Nullen weg sind und maximal noch zwei Ziffern stehenbleiben. Mit drei Schnitten haben Sie also drei Nullen erhalten. Damit wissen wir, wie unsere gesuchte Zahl hinten aussieht, nämlich: …000 km. Übrig bleibt ein Zahlenstumpf von 14. Die zwei übriggebliebenen Ziffern gleichen wir dann im nächsten Schritt mit der Liste der Quadratzahlen ab.

Es geht darum, diejenige Quadratzahl herauszufischen, die unserer 14 am nächsten kommt. Da die 14 nicht allzu weit von 4 * 4 = 16 entfernt liegt, setzen wir vor die drei Nullen eine 4 und kommen auf 4000 Kilometer.

Probieren wir es mit der Fläche der Schweiz von 41 285 Quadratkilometern. Weit und breit keine Nullen zu sehen! Lassen Sie sich davon nicht beirren. Wir behandeln einfach die hinteren Stellen unserer Zahl so wie vorher die Nullen. Sonst verheddern wir uns nur. Ich führe also schnipp-schnapp zwei Schnitte durch:

41 285 → 412 → 4

Damit habe ich zwei Nullen: ...00 Kilometer. Von der 4 weiß ich, dass sie eine Quadratzahl ist, denn 2 * 2 = 4. Vor die beiden Nullen kann ich deshalb eine 2 setzen, was 200 Kilometer ergibt. Wäre die Schweiz ein Quadrat, hätte sie Seitenlängen von etwa 200 Kilometern.

Ich habe mich schon ein bisschen warmgerechnet, und Sie? Machen wir also noch etwas weiter, oder? Nehmen wir Berlin als Beispiel. Obwohl die genaue Fläche 891,8 Quadratkilometer beträgt, rechnen wir einfach mit dem runden Wert 900.

900 km² → 9 km²

Ein Schnitt ergibt eine Null: ...0 km. 9 ist eine Quadratzahl: 9 = 3 * 3. Deshalb darf vor die Null eine 3 gesetzt werden. Die Seitenlängen eines quadratischen Berlins wären 30 Kilometer lang.

Sie haben natürlich gemerkt, dass wir eben einfach gerundet haben. 891,8 auf 900 und 41 285 auf 40 000. Bevor Sie also losrechnen, schauen Sie einfach immer, was die nächstliegende runde Zahl ist.

Vielleicht wollen Sie es einmal mit Ihrer Heimatstadt probieren? Ihrem Bundesland oder Kanton? Falls Sie die Fläche nicht parat haben, könnten Sie es auch mit Kanada versuchen (9 984 670 km² oder rund 10 000 000 km²) oder mit

Afrika (30 221 532 km² oder rund 30 000 000 km²). Die Lösungen finden Sie im Lösungsteil.

Aus einer Fläche ein Rechteck machen

Verlassen wir jetzt die Quadrate und kommen zurück zu unserer Fläche von 10 000 Quadratkilometern. Statt um ein Quadrat mit jeweils 100 Kilometer langen Seiten könnte es sich beispielsweise auch um ein Rechteck mit einer Länge von 125 Kilometern und einer Breite von 80 Kilometern handeln. Auch da käme genau eine Fläche von 10 000 Quadratkilometern heraus. Genauso gut könnte unsere Fläche wie ein langer Schlauch aussehen und 1000 Kilometer lang, dafür aber nur 10 Kilometer breit sein.

Bei einem Quadrat sind alle Seiten gleich lang. Bei einem Rechteck können a und b unterschiedlich sein, nämlich immer dann, wenn das Rechteck kein Quadrat ist.

Der Lambert-Gletscher soll etwa 400 Kilometer lang und 50 Kilometer breit sein, andere Quellen schreiben, dass er sogar 100 Kilometer breit sei. Bei den 400 Kilometern Länge scheint immerhin Einigkeit zu bestehen.

Gletscher sind sehr aktiv. Sie nehmen zu und ab und verändern ihre Größe. Sie bestehen aus Schnee, der über lange Zeiträume zu Eis wird. Wenn neuer Schnee hinzukommt, wird auch daraus wieder Eis. Und dann ist natürlich kein Gletscher wie der andere, da gibt es unterschiedliche Typen. Der Lambert-Gletscher ist ein sogenannter Auslassgletscher, ein Arm des Eisschildes, unter dem ganz Antarktika liegt, über den das Eis vom Inneren des Kontinents ins Meer transportiert wird. Ein solcher Eisstrom fließt. Der neue Schnee drückt von oben auf das Eis, so dass es sich in Richtung Meer bewegt. Tritt das Gletschereis über die Küste hinaus, spricht man von Schelfeis. Und immer, wenn ein Stück Schelfeis abbricht, der Gletscher also kalbt, entsteht ein neuer Eisberg, der dann die Meere unsicher macht.

Die genaue Fläche lässt sich also nicht feststellen. Wir treffen deshalb Annahmen. Wenn der Lambert-Gletscher ein Rechteck von 400 km * 50 km wäre, dann würde seine Fläche 20000 Quadratkilometer betragen. Wie er aussieht, können wir uns vorstellen, indem wir ihn uns zunächst verkleinern. 400 und 50, das sind ja wunderbar einfache Zahlen. Die Länge ist genau das Achtfache der Breite. Wir setzen einfach die 50 Kilometer als 1 Zentimeter, die 400 Kilometer als 8 Zentimeter, und schon haben wir ihn proportional und stark verkleinert vor uns. Unsere nächsten beiden Abbildungen haben damit den Maßstab 1 zu 5 Millionen.

8 cm ≙ 400 km

1 cm ≙ 50 km

Sehen Sie den Gletscher vor sich, wie er vom Polarplateau zum Amery-Schelfeis heruntergeschlittert kommt?
Hätte er jedoch eine Breite von 100 Kilometern und damit eine Fläche von 40000 Quadratkilometern, dann müssten wir uns seine Form eher so vorstellen:

8 cm ≙ 400 km

Dann wäre er dicker und würde wuchtig ins Südpolarmeer plumpsen. Und natürlich könnten sowohl 20 000 wie auch 40 000 Quadratkilometer mit einer ganz anderen Form verbunden sein.

Wir verlassen in Gedanken kurz die Antarktis und wenden uns einem Gletscher zu, dessen genaue Fläche wir kennen. Das größte südamerikanische Gletschergebiet, der Campo de Hielo Sur in Patagonien, ist 13 000 Quadratkilometer groß.

Um unseren Gletscher zu einem Rechteck zu machen, leiten wir zunächst wieder die quadratischen Seitenlängen her. So, wie wir es bisher auch gemacht haben. Im nächsten Schritt erfolgt dann ein »Stretching«, bei dem wir zwei Seiten um einen beliebigen Wert verlängern und die anderen beiden Seiten um den entsprechenden Reziprokwert verkürzen.

Beim Campo de Hielo Sur setzen wir zweimal zum Schnitt an:

$$13\,000\,\text{km}^2 \rightarrow 130\,\text{km}^2 \rightarrow 1\,\text{km}^2$$

Damit entstehen zwei Nullen. Davor kann ich grob einfach eine 1 setzen, weil die 1 selbst eine Quadratzahl ist, denn 1 * 1 = 1. Die Seitenlänge beträgt dann rund 100 Kilometer.

Etwas genauer wird unser Ergebnis, wenn wir hier schon nach einem Schnitt aufhören. Als Zahlenstumpf haben wir dann 130 Quadratkilometer. Und jetzt reicht es nicht mehr aus, wenn Sie nur die ersten zehn Quadratzahlen parat haben, jetzt müssten Sie auch wissen, was 11 * 11 und 12 * 12 ergibt.

Da 11 * 11 = 121 weniger als 130 und 12 * 12 = 144 mehr als 130 ausmachen, liegt eine Seitenlänge zwischen 110 und 120 Kilometern vor. Da wir etwas näher an der 121 dran sind als an der 144, würde ich mich für die Seitenlänge von 110 entscheiden.

Machen wir uns jetzt daran, aus diesem Quadrat mit Seitenlängen von 110 Kilometern ein Rechteck wie in unserer zweiten Abbildung zu konstruieren. Die längere Seite soll viermal so lang werden wie die kürzere. Das Seitenverhältnis beträgt also 4 : 1, und aus diesem Verhältnis lassen sich die Seitenlängen nun mit Hilfe des Stretching-Faktors rekonstruieren.

Bei einem Verhältnis von 4 : 1 macht der Stretching-Faktor die Zahl aus, die mit sich selber malgenommen 4 ergibt. Wir müssen also die Quadratwurzel aus 4 finden. Das ist die 2, denn 2 * 2 = 4.

Mit diesem Stretching-Faktor nehme ich jetzt zwei Seiten meines zukünftigen Rechtecks mal. Die anderen zwei teile ich durch den Stretching-Faktor. Ich muss also für zwei Seiten 110 * 2 rechnen, und für die anderen beiden Seiten 110 : 2. Das Ergebnis ist ein Rechteck, das dieselbe Fläche hat wie unser vorheriges Quadrat. Zwei Seiten sind jeweils 110 * 2 = 220 km lang, die anderen beiden jeweils 110 : 2 = 55 km.

Das Stretching funktioniert, weil bei einer Multiplikation das Ergebnis unverändert bleibt, wenn ich einen Faktor mit x malnehme und dafür den anderen durch x teile.
110 * 110 ist das Gleiche wie (110 * 2) * (110 : 2).

Und jetzt heißt es fleißig üben! Dazu gehört, dass Sie die Größenangaben für Flächen in Zukunft nicht mehr einfach überlesen. Dass Sie nicht sofort zu dem Vergleich mit den Fußballfeldern springen und die Zahl vor dem km^2 komplett ignorieren. Es ist ein bisschen so, als müsste man Angaben in verschiedene Sprachen übersetzen. Irgendwann können Sie Ihre neue Sprache dann richtig sprechen, dann brauchen Sie die Vergleiche gar nicht mehr.
Und noch ein Tipp: Vergessen Sie nie, dass 1 Kilometer 1000 Meter hat. Nicht nur hundert, sondern tausend.

Aufgaben

1. Bestimmen Sie die Seitenlängen eines Quadrats mit einem Flächeninhalt von 100 Quadratkilometern!

2. Der größte Gletscher der Alpen, der Aletsch-Gletscher in der Schweiz, hat eine Fläche von 118 Quadratkilometern. Wie groß wären die Seitenlängen, wenn der Aletsch-Gletscher ein Quadrat wäre?

3. Der größte Gletscher Österreichs, der Pasterze am Fuß des Großglockners, ist etwa 18 Quadratkilometer groß. Wie groß sind die Seitenlängen, wenn der Pasterze ein Quadrat wäre?

4. Die beiden größten Gletscher Europas, der Vatnajökull in Island und der Austfonna in Spitzbergen, bringen es dagegen auf 8100 Quadratkilometer und 8200 Quadratkilometer. Nehmen Sie sich für alle Gletscher das Rechteck mit dem Seitenlängen-Verhältnis von 4 : 1 zum Vorbild und errechnen Sie, wie lang und breit die Gletscher sein könnten!

5. Versuchen Sie jetzt beim Campo de Hielo Sur ein Stretching mit dem Faktor 3. Wie lauten dann die Seitenlängen des Rechtecks?

−24° | **1770**
Queensland, Australien

24° 9′ 49″ S
151° 53′ 6″ O
Breite: −24,163687°
Länge: 151,885102°

Rechnen mit Ortsnamen

Klar, dass der einzige Ort der Welt, dessen Name aus Ziffern besteht, auf unsere Reiseroute gehört. Er befindet sich in Queensland an der australischen Ostküste. Packen Sie ruhig schon Ihre Badesachen aus und schlagen den Weg zum Strand ein! Denn natürlich wollen wir uns in der Sonne ein wenig von den Strapazen am Gletscher erholen. Dieses Kapitel können Sie auch beim Dösen auf einem Handtuch lesen!

1770 ist winzig, nicht mal hundert Einwohner leben hier, und so richtig geht die Post nur einmal im Jahr zum Captain Cook Festival im Mai ab, wenn der Landung des berühmten Seefahrers im Jahr 1770 gedacht wird. Dann spielen Schauspieler in historischen Kostümen die Ankunft der »Endeavour« nach, und die Gooreng Gooreng, die schon vor Captain Cook hier lebten, erzählen von der Traumzeit. Selbstredend rundet ein Feuerwerk die Festlichkeiten ab. Wir werden es uns nachher anschauen.

Bis 1970 nannte sich der kleine Ort an der australischen Ostküste ganz einfach Round Hill, änderte seinen Namen aber zu Ehren des Entdeckers.

Ganz schön ungewöhnlich, so eine Jahreszahl als Ortsname! Oft wird die Stelle, an der sich ein Ort befindet, einfach im Namen beschrieben. Aus einem schwarzen Berg wird dann Schwarzenberg, ein tiefes Tal wird zu Tiefental. Häufig treffen wir auch auf Namen von Kaisern, Heiligen, Burgherren oder Stämmen, die wahlweise mit Dorf, Stadt, Burg, Hafen oder Furt kombiniert werden. Wie in Frankfurt oder Wilhelmshaven. Manche Ortsnamen verweisen auf einen Rohstoff aus der jeweiligen Gegend. So etwa das Salz in Salzburg oder das Brasilholz in Brasilien. Auch Himmelsrichtungen wie in Ostsee oder Südafrika wurden gerne genommen. Und natürlich dürfen Bären, Löwen und Eichen nicht fehlen. Einen Großteil aller Ortsnamen haben wir so schon abgedeckt.

Nicht immer erkennen wir die Bedeutung eines Namens auf Anhieb. Unsere Sprache hat sich verändert, der alt- oder mittelhochdeutsche Ortsname ist geblieben. Manchmal wissen wir die Bedeutung nicht mal mehr. Die Herkunft des Namens meiner Heimatstadt Bonn ist zum Beispiel unklar. Vermutet wird, dass er aus dem Keltischen stammt und »Gründung« oder »Stamm« bedeutet.

Viel interessanter als all diese Namen sind für uns jedoch Orte wie 1770. Denn hier gibt es Zahlen zu sehen! Meistens wird einfach nur etwas gezählt. Eine Jahreszahl als Ortsname ist eine große Kuriosität. Wenn ein Ort zwei Brücken, drei Kirchen oder vier Berge für sich reklamieren konnte, war das für die Einwohner auffällig genug, um ihr Zuhause auf diese Weise zu beschreiben. Und irgendwann wurde aus der Beschreibung ein Name.

Besonders gut gefallen mir persönlich auch all die Siedlungen mit genauen Entfernungsangaben, die sich vor allem in den USA, Kanada oder Australien befinden. Daraus entstanden dann Orte wie One Mile oder Nine Mile.

Du sammelst die jetzt einfach, sagte ich mir vor einiger Zeit. Und auf den folgenden Seiten zeige ich Ihnen meine kleine Sammlung. Die große Frage bei so einer Wunderkammer ist: Was kommt rein und was nicht? Wie groß muss ein Ort sein, und zählen auch Ortsteile? Was mache ich, wenn das Wort nur auf Deutsch eine Zahl beinhaltet, nicht aber in der Ursprungssprache, wie das Zweistromland? Mesopotamien bedeutet nämlich einfach »Das Land zwischen den Flüssen«. Zählen nur Städte oder auch Strände und Berge?

Zum Grübeln hat mich Polynesien gebracht, das mit »viele Inseln« übersetzt werden kann. Vor sehr langer Zeit, als die Leute noch nicht so gut im Zählen waren, vielleicht nur »eins«, »zwei« und »viele« als Angaben kannten, hätte man »viele« als Zahl gelten lassen können. Da der Name aber erst im 18. Jahrhundert von Europäern vergeben wurde, die sehr wohl zählen konnten, bin ich zu dem Schluss gekommen, dass Polynesien nicht auf meine Liste gehört.

Fragen über Fragen! Da es sich aber beileibe nicht um eine todernste Angelegenheit handelt, habe ich alles mehr oder weniger Pi mal Daumen gelöst. Um Sie nicht zu langweilen, habe ich Dopplungen gestrichen. Allein die vielen Tripolis in Griechenland, der Türkei, den USA und der Schweiz hätten sicher eine Seite gefüllt.

Ein wenig leidet die Liste darunter, dass ich Sprachen wie

Chinesisch, Russisch oder Suaheli nicht spreche. Deshalb tun sich bei den dortigen Zweibrückens oder Dreibrunnens möglicherweise Lücken auf.

Nicht immer ist es leicht, zu erkennen, was eigentlich in einem Namen steckt. Manchmal klingt etwas nach einer Zahl und ist gar keine. Auch das gibt es. Zum Beispiel das italienische Ventimiglia, das sich nach 20 000, also »Ventimila«, anhört, aber nach den ligurischen Intermeliern benannt ist.

1
One Mile, Ort in Australien

2
Zweistromland, Gegend zwischen Euphrat und Tigris, Türkei, Syrien, Irak
Zweikirchen, Ort in Deutschland
Glendalough, Tal der zwei Seen, Irland
Biarritz, Zwei Eichen, Stadt in Frankreich
Duschanbe, Montag oder zwei Tage nach Samstag, Hauptstadt Tadschikistans
K2, Karakorum 2, zweithöchster Berg der Welt
Colombey-les-Deux-Eglises, Ort in Frankreich
Les Deux Alpes, Zwei Almen, Skiort in Frankreich
Two Rivers, Zwei Flüsse, Stadt in den USA
Bahrain, Die zwei Meere, Inselstaat im Persischen Golf

3
Trento, Trient, Stadt der drei Zacken, Italien
Trinidad, Dreifaltigkeit, Land in der Karibik
Trinity, Dreifaltigkeit, Fluss in Texas
Saverne, Drei Kneipen, Frankreich
Troisfontaines, Drei Brunnen, Ort in Frankreich
Trois-Rivières, Drei Flüsse, Ort in Kanada

Troisvilles, Drei Städte, Ort in Frankreich
Três Lagoas, Drei Lagunen, Ort in Brasilien
Três Marias, Ort in Brasilien
Três Corações, Drei Herzen, Ort in Brasilien
Tres Arroyos, Drei Bäche, Ort in Argentinien
Dreieich, Stadt in Deutschland
Three Sisters, Drei Schwestern, Felsformation in Australien
Dreihäuser, Ort in Deutschland
Tripolis, Drei Städte, Hauptstadt Libyens
Dreikirchen, Ort in Deutschland
Trójmiasto, Drei Städte, Großraum in Polen mit Danzig, Gdynia und Sopot
Driebergen, Ort in den Niederlanden

4
Sichuan, Vier Ströme, China
Vierwaldstättersee, Schweiz
Les 4 Vallées, Vier Täler, Skigebiet in der Schweiz
Islands of Four Mountains, Inseln der vier Berge, Inselgruppe USA
Viereck, Ort in Deutschland

5
Punjab, Fünfstromland, Pakistan, Indien
Pjatigorsk, Stadt der fünf Berge, Russland
Cinqfontaines, Fünfbrunnen, Ort in Luxemburg
Fünfseen, Ort in Deutschland
Cinque Terre, Fünf Ortschaften, Gegend in Italien

6
Sechshelden, Stadtteil von Haiger, Deutschland

7
Semiretschje, Siebenstromland, Kasachstan
Siebenbürgen, Rumänien

Siebengebirge, Deutschland
Beersheba, Siebenbrunn, Israel
Tabgha, Siebenquell, Israel
Sevenoaks, Sieben Eichen, Stadt in Großbritannien
Ceuta, Sieben Brüder, spanische Enklave in Nordafrika
Sept Îles, Sieben Inseln, Ort in Kanada
Siebenlehn, Ortsteil von Großschirma, Deutschland
Septfontaines, Siebenbrunnen, Ort in Luxemburg
Seven Mile Beach, Strand auf Grand Cayman

8
Ocho Rios, Acht Flüsse, Jamaika
Kirjat Shmona, Stadt der Acht, Israel
Tuvalu, Acht Inseln, Inselstaat in der Südsee

9
Neuneck, Ortsteil von Glatten, Deutschland
Nine Mile, Jamaika

10
Zehnhausen bei Rennerod, Ort in Deutschland
Ten Mile River, 10-Meilen-Fluss, Fluss in den USA

11
Eleven Mile State Park, 11-Meilen-Nationalpark, USA

12
Xishuangbanna, 12 Becken oder Gemeinden, Bezirk in China
Twelveheads, Zwölf Köpfe, Dorf in Cornwall, Großbritannien
Twelve Mile Creek, 12-Meilen-Fluss, Name vieler Flussarme in
    Australien, den USA und Kanada

14
Vierzehnheiligen, Stadtteil von Jena, Deutschland

16
Sechzehneichen, Ortsteil von Wusterhausen, Deutschland

17
Seventeen Mile Rocks, 17-Meilen-Felsen, Ortsteil von Brisbane, Australien

18
Eighteen Mile Creek, 18-Meilen-Fluss, Fluss in den USA

24
Vierundzwanzig Höfe, Ortsteil von Loßburg, Deutschland

29
Twentynine Palms, Neunundzwanzig Palmen, Stadt in den USA

40
Kırklarelli, Ort der vierzig, Türkei

75
Seventy Five Mile Beach, 75-Meilen-Strand, Strand auf Fraser Island, Australien

96
Ninety Six, Sechsundneunzig, Ort in den USA

1000
Tausendblum, Ortsteil von Neulengbach, Österreich
Thousand Oaks, Tausend Eichen, Stadt in den USA

100000
Lakkadiven, 100000 Inseln, Inselgruppe, Indischer Ozean

Als Erstes wäre jetzt eigentlich ein großes Nachzählen angesagt. Gleich bei mir vor der Haustür geht die Schummelei los. Das Siebengebirge hat mitnichten sieben Berge. Vielmehr sind es über fünfzig. Doch nicht nur hier bei uns wird geschludert. Der Inselstaat Tuvalu im Pazifik besteht nicht aus acht Inseln, wie es der Name vorgibt, sondern aus neun. Ursprünglich waren nur acht Inseln besiedelt, und als dann im 20. Jahrhundert auch Menschen auf die neunte Insel zogen, überlegte man sogar, den Namen zu ändern, verwarf die Idee aber wieder. Auch bei den Lakkadiven im Indischen Ozean ist längst klar, dass die Zahl 100 000 für 36 Inseln ein wenig zu hoch gegriffen ist.

Wie sieht es mit der Verteilung der Zahlen aus? Dass die Eins kaum vorkommt, erkläre ich mir so, dass eine Eiche oder eine Kirche nicht weiter erwähnenswert sind. Da kann man die Zahl auch gleich weglassen. Die häufigste Zahl in Ortsnamen ist nach dieser Liste die Drei, die durch die Trinität eine christliche Bedeutung hat. Gleichzeitig sind drei Lagunen, Brunnen oder Eichen an einem Ort keine Seltenheit. Ebenfalls ins Auge sticht die Sieben. Auch sie ist eine religiös aufgeladene Zahl. Nicht nur in der Bibel hatte sie eine Sonderstellung, sondern auch bei den Babyloniern und Ägyptern. Die Sieben finden wir nicht nur in den sieben fetten und den sieben dürren Jahren, wir treffen sie auch im siebten Himmel, den sieben Gestirnen, den sieben Weltwundern oder unseren sieben Wochentagen. Kein Wunder also, dass sie auch in vielen Ortsnamen steckt. Die Dreizehn fehlt ganz. Auch das sticht ins Auge, wundert aber nicht.

Mit dieser Sammlung lässt es sich auch gut rechnen. Diese

Rechnungen erinnern an Zahlenrätsel, bei denen Zahlen durch Symbole ersetzt werden. Zum Beispiel muss dort ein Quadrat durch eine Fünf ersetzt werden. Hier ersetzen wir Ortsnamen durch Zahlen.

Eighteen Mile Creek : Sechshelden = Trento
Auflösung: 18 : 6 = 3

Twelveheads * Twelveheads * Twelveheads + $\frac{\text{Twelveheads * Ceuta}}{\text{K2}}$ = 1770
Auflösung: 12 * 12 * 12 + $\frac{12 * 7}{2}$
= 144 * 12 + $\frac{84}{2}$
= 1728 + 42
= 1770

Noch schöner wird es, wenn für gleiche Zahlen verschiedene Orte eingesetzt werden:

(Zweistromland + Zweikirchen – Colombey-les-Deux-Eglises) * Glendalough – Les Deux Alpes = Duschanbe
Auflösung: (2 + 2 – 2) * 2 – 2 = 2

Vierundzwanzig Höfe * Twentynine Palms – Ninety Six + (Ten Mile River * Kırklarelli) = Tausendblum
Auflösung: 24 * 29 – 96 + (10 * 40)
= 696 – 96 + 400 = 1000

 **Aufgabe**

Rechnen Sie:

Trinity * Saverne * Troisfontaines + Seventy Five Mile Beach – Sechshelden = ?

−13,8° **Apia**
Westsamoa, Südpazifik

13° 50′ 0″ S
171° 45′ 0″ W

Breite: −13,833333°
Länge: −171,75°

Warum wir eine Datumsgrenze brauchen

Wenn wir von der Hauptinsel Upolu in Richtung Osten schauen, blicken wir in den gestrigen Tag. Hier zwischen Westsamoa und Amerikanisch-Samoa verläuft die Datumsgrenze. Sie liegt genau auf der anderen Seite des Nullmeridians von Greenwich, ist quasi sein Spiegelbild. Wer die Grenze überschreitet, gelangt in den zukünftigen oder den vorherigen Tag, je nachdem, in welche Richtung er sich bewegt.

Obwohl die Menschen rund um die Datumsgrenze auf der Uhr alle dieselbe Zeit haben, leben sie an unterschiedlichen Tagen. Die westlich der Datumsgrenze, die in der östlichen Hemisphäre leben, sind einen Tag weiter als die östlich der Linie, die im Westen leben. Wenn auf der einen Seite der Datumsgrenze die Sonne morgens aufgeht, kann es beispielsweise ein Dienstag sein, während ein paar Kilometer weiter auf der anderen Seite schon Mittwoch ist.

Besser vorstellen kann man sich das, wenn man die genauen Daten und Uhrzeiten anschaut. Ich schreibe diesen

Text am 23. Juli um 18 Uhr. In Apia, der Hauptstadt von Westsamoa, ist schon der neue Tag angebrochen. Dort ist es fünf Uhr morgens am 24. Juli. In der auf der anderen Seite der Datumsgrenze gelegenen Hauptstadt von Amerikanisch-Samoa, Pago Pago, ist es auch fünf Uhr morgens, aber das Datum ist dasselbe wie bei uns. Der 23. Juli sieht dort gerade seinem Sonnenaufgang entgegen.

Natürlich läuft die Datumsgrenze nicht nur zwischen den beiden Samoas hindurch, sondern teilt den gesamten Pazifik vom Nordpol bis zum Südpol. Dabei ist sie nicht so gerade wie der 180. Längengrad, sondern hat mehrere Beulen, um die politische und wirtschaftliche Zugehörigkeit möglichst zu berücksichtigen. So gehört die russische Tschuktschen-Halbinsel zeitlich gesehen zum Rest Sibiriens, obwohl sie schon auf der anderen Seite des 180. Längengrads liegt. Die Bewohner der amerikanischen Aleuten-Inseln leben dagegen selbstverständlich nach der Zeit der USA, obwohl sie sich teils westlich des 180. Längengrads befinden.

Seit 2011 befindet sich der Inselstaat auf der westlichen Seite, um die Zusammenarbeit mit Asien, Australien und Neuseeland zu forcieren. Und das lässt sich beispielsweise leichter bewerkstelligen, wenn das Wochenende auf dieselben Tage fällt. Denn während es jetzt in Apia, der Hauptstadt, fünf Uhr morgens am 24. Juli ist, ist es in Auckland vier Uhr und in Sydney zwei Uhr morgens. Das Datum ist dasselbe.

Festgelegt wurde die Datumsgrenze 1884 in Washington, genau wie der Nullmeridian. Auf der Meridian-Konferenz wurde außerdem der den Globus umspannende Welttag mit 24 Zeitzonen zu je fünfzehn Längengraden aus der

Taufe gehoben. Unser Tag beginnt um Mitternacht, und die Anwohner des 180. Längengrades sind die Ersten, die den Sonnenaufgang an einem bestimmten Datum erleben, und auch die Letzten, die den Sonnenuntergang an diesem Datum sehen. Je nachdem, auf welcher Seite dieser gedachten Linie sie leben.

Auch wenn eigentlich der Nullmeridian von Greenwich, der die Erde in Osten und Westen teilt, die entscheidende Linie ist, wollte man nicht so weit gehen, den Tag mitten in Europa zu trennen. Deshalb fiel die Wahl auf eine Gegend, die dünner besiedelt ist und in der die Inseln weit auseinanderliegen.

Die meiste Zeit läuft der 180. Längengrad schließlich sowieso durch die schier unendlichen Wassermassen des größten der Ozeane, sagten sich die Amerikaner und Europäer, die damals das Sagen hatten. Hätten die Bewohner des Pazifiks ein Wörtchen mitzureden gehabt, läge die Datumsgrenze vielleicht woanders!

Wie aber hätte eine Datumsgrenze mitten in Europa ausgesehen? Wenn das Datum am Nullmeridian von Greenwich wechseln würde, würde 18 Uhr am Mittwoch, dem 23. Juli, hier in Bonn bedeuten, dass es in London 17 Uhr nachmittags am Donnerstag, dem 24. Juli, wäre. Hätte man diese Situation nicht von vornherein vermieden, dann wäre sie sicher in der Zwischenzeit wieder abgeschafft worden. Man kann sich gut vorstellen, wie Wirtschaftsverbände Sturm gelaufen wären, Banken mit dem Weggang gedroht hätten und die EU endlose Ausschüsse gebildet und Richtlinien erlassen hätte.

Doch ohne die Datumsgrenze gäbe es ein ganz anderes

Problem. Als die »Victoria«, das letzte der Schiffe aus der Flotte des Entdeckers Ferdinand Magellan, auf ihrer Rückreise einige Matrosen auf den Kapverdischen Inseln an Land schickte, um Wasser und Nahrungsmittel zu besorgen, brachten die Matrosen eine verblüffende Nachricht mit zurück an Bord. Auf den Kapverden behauptete man, es sei Donnerstag, der 10. Juli 1522, obwohl man auf dem Schiff doch der Meinung war, gerade Mittwoch, den 9. Juli 1522, zu erleben. Antonio Pigafetta, der Chronist der Reise, wusste nicht, wie ihm geschah, hatte er doch während der dreijährigen Weltumseglung genau Buch geführt. Wie konnte ihm einfach so ein ganzer Tag abhandengekommen sein?

Heute wissen wir, dass dieses Phänomen daraus resultiert, dass wir, wenn wir nach Osten fahren, Zeit verlieren, wenn wir uns dagegen nach Westen wenden, Zeit gewinnen. Viele von uns haben das schon auf Flügen beispielsweise in die USA erlebt. Dort ist es erst Nachmittag, wenn wir landen, obwohl wir doch mittags hier abgeflogen sind und sieben oder mehr Stunden im Flugzeug gehockt haben. Nach einem Asien-Flug dagegen steigen wir völlig gerädert im Morgengrauen aus dem Flieger, denn bei uns zu Hause ist es noch nicht einmal Nacht, und wir haben die wertvollen Schlafstunden verloren.

Weil sich die Erde dreht, erleben wir den Aufgang und Untergang der Sonne nicht alle gleichzeitig. Bewegt man sich nun langsam nach Westen, wie der erste Weltumsegler Ferdinand Magellan, dann gewinnt man quasi jeden Tag Zeit. Denn jeder Tag ist ein bisschen länger als 24 Stunden. Aufgrund dieses Phänomens und weil jeder der erlebten Tage ein bisschen länger war, als er eigentlich hätte sein dürfen, dachte man auf der »Victoria«, es sei erst Mittwoch.

Das umgekehrte Phänomen kennen Sie vielleicht aus dem Buch ›In achtzig Tagen um die Welt‹ von Jules Verne. Hier denkt der Held, Phileas Fogg, der immer nach Osten gereist ist, dass es schon Sonntag sei. Erst im letzten Moment erkennt er, dass er auf seiner Reise nach Osten einen Tag dazubekommen hat, es damit erst Samstag ist und er seine Wette und 20 000 Pfund gewinnen wird.

Denn reisen wir nach Osten, verkürzen sich die Tage. Obwohl Phileas Fogg auf seiner Reise die Sonne 80-mal aufgehen sah, erlebten seine Wettgegner aus dem Reformclub das nur 79-mal.

Der Erste, von dem wir wissen, dass er sich über das Phänomen der verlorenen oder gewonnenen Tage Gedanken machte, ist der syrische Gelehrte Abu l-Fida. Schon im 14. Jahrhundert überlegte er, wie es wäre, wenn jemand die Welt nach Osten umrundete, und verglich diese Reise mit einer, die nach Westen führte. Er kam schon damals zu dem Schluss, dass demjenigen, der nach Westen reiste, ein Tag fehlen würde, während der, der nach Osten ginge, einen Tag zu viel zählen würde. Wenn man die Erde beispielsweise in sieben Tagen umrunden könnte, dann würde der, der nach Osten ginge, die Sonne jeden Tag etwas früher untergehen sehen, und zwar jeden Tag um $\frac{1}{7}$. So dass am Ende der Reise ein ganzer Tag gespart wurde. Für den, der nach Westen geht, ist es genau andersherum.

Rechnen wir einmal nach! Um die Sache mit dem Siebtel zu verstehen, beginnen wir der Einfachheit halber mit einem Zehntel. Nehmen wir einfach mal an, dass man von

Apia aus genau 240 Stunden oder zehn Tage braucht, um den Globus genau einmal zu umrunden. Wir fliegen quasi in einem Flugzeug mit Zeitlupen-Tempo. Erfolgt die Umrundung Richtung Osten, passiert hinsichtlich des Sonnenstandes Folgendes: Nach 24 Stunden hat der Flieger eine Zehntelumrundung geschafft, also 36 von insgesamt 360 Längengraden überwunden.

Jetzt müssen Sie wissen, dass der Sonnenstand sich zwischen zwei Längengraden um vier Minuten unterscheidet. Stellen Sie sich vor, Sie würden genau auf einem Längengrad stehen und ich auf dem Längengrad östlich von Ihnen. Dann bin ich vier Minuten früher dran als Sie, weil die Sonne bei mir vier Minuten eher aufgegangen ist. Mit jedem Längengrad, den wir nach Osten überqueren, verkürzt sich unser Tag also um 4 Minuten. Gehen wir nach Westen, verlängert er sich um die gleiche Zeit.

Wir bewegen uns also von Apia aus in Richtung Osten und reisen gen Amerika. Wenn wir annehmen, dass die Sonne zum Zeitpunkt des Starts ihren Tageshöchststand hatte, es also Mittag war, dann wissen wir, dass 24 Flugstunden später die Sonne schon 36 (= Anzahl der Längengrade) * 4 Minuten = 144 Minuten = 2,4 Stunden = 0,1 Tage weiter als der Tageshöchststand vorangeschritten ist. Somit ergibt sich die Gleichung:

1 natürlicher Tag oder 24 Stunden = 1,1 Sonnentage (1 Tag und 0,1 Tage für die 36 Längengrade).

Nach 10 natürlichen Tagen oder 240 Stunden haben wir dann 11 (= 10 * 1,1) Sonnentage. Wir haben einen Tag hinzugewonnen, weil jeder unserer Tage kürzer war als ein Sonnentag.

Wie sieht es nun hinsichtlich des Sonnenstandes aus, wenn wir nach Westen gen Australien fliegen? Nach 24 Stunden hat der Flieger wieder eine Zehntelumrundung geschafft und 36 Längengrade überwunden. Wenn wir wieder annehmen, dass zum Zeitpunkt des Starts die Sonne den Tageshöchststand hatte, dann wissen wir, dass 24 Flugstunden später die Sonne 36 (= Anzahl der Längengrade) * 4 Minuten = 144 Minuten = 2,4 Stunden = 0,1 Tage vor dem Tageshöchststand steht. Die Gleichung lautet hier:
1 natürlicher Tag oder 24 Stunden = 0,9 Sonnentage (1 Tag weniger 0,1 Tage für die 36 Längengrade).
Nach 10 natürlichen Tagen oder 240 Stunden Flugzeit haben wir dann 9 (= 10 * 0,9) Sonnentage. Jetzt haben wir einen Tag verloren, weil jeder unserer Tage länger war als der Sonnentag.
Der gleiche Gedanke lässt sich auf ein beliebiges Zeitintervall übertragen. Sieben natürliche Tage entsprechen dann acht Sonnentagen, wenn wir uns in östliche Richtung bewegen, oder sechs Sonnentagen, wenn es nach Westen geht. Die Gleichungen lauten im Ost-Fall:

$$7 \text{ natürliche Tage} = 8 \text{ Sonnentage}$$
oder
$$1 \text{ natürlicher Tag} = \frac{8}{7} = 1\frac{1}{7} \text{ Sonnentage}$$
$$7 * (1\frac{1}{7}) = 7 * (1 + \frac{1}{7}) = 7 + \frac{7}{7} = 7 + 1 = 8$$

Die Gleichungen lauten im West-Fall:

$$7 \text{ natürliche Tage} = 6 \text{ Sonnentage oder}$$
$$1 \text{ natürlicher Tag} = \frac{6}{7} = 1 - \frac{1}{7} \text{ Sonnentage}$$
$$7 * (\frac{6}{7}) = 7 * (1 - \frac{1}{7}) = 7 - \frac{7}{7} = 7 - 1 = 6$$

Und jetzt bringen Sie bei unserer Abreise das Datum nicht durcheinander. Wer öfter hin und her hüpft, soll hier in der Gegend schon mal vergessen, welcher Tag gerade ist.

Aufgabe

Stellen Sie sich vor, wir wären im letzten Kapitel nicht nach Osten aufgebrochen, sondern vom 152. Längengrad, der Koordinate von 1770, nach Westen gefahren. Sie stehen auf dem 150. Längengrad Ost. Hier gilt die Australian Eastern Standard Time, also Greenwich oder, wie man heute sagt, UTC (Coordinated Universal Time) plus 10 Stunden. Gleich fliegen Sie nach Osten, wie wir es schon getan haben, um nach Westsamoa zu gelangen. Nur fliegen Sie diesmal weiter bis zum 150. Längengrad West. Zwischen dem 149. und dem 150. liegt etwa Tahiti. Die Zeitzone ist hier die Tahiti Time. Das bedeutet UTC oder Greenwich minus 10 Stunden.

Sagen wir, dass die Flugzeit acht Stunden beträgt. Sie fliegen in Australien um zwölf Uhr mittags los. Wie spät ist es in Tahiti, wenn Sie dort landen? Um wie viele Stunden müssen Sie Ihre Uhr vor- oder zurückstellen? Wie sieht es beim Rückflug aus? Ihr Startpunkt ist jetzt der 150. Längengrad West.

Wie viel Zeit gewinnen oder verlieren Sie auf jeder Tour?

−13,5° **Sacsayhuaman**
Peru

13° 30′ 35″ S
71° 58′ 54″ W

Breite: −13,509844°
Länge: −71,981681°

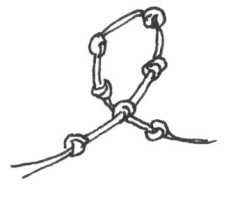

Mit Knotenschnüren rechnen

Macht Ihnen die Höhe zu schaffen? 3700 Meter, das ist gewöhnungsbedürftig. Unsere Reise führt uns eben in einige extreme Gegenden. Hitze, Eis und jetzt die Anden. Doch der Blick von hier oben auf die im Tal liegende Hauptstadt des Inkareiches ist umso atemberaubender. Was dort so golden funkelt, das ist der Sonnentempel.

Gleich neben uns quält sich eine Lama-Karawane den Berg hoch. Noch können wir nicht erkennen, ob sie Papageienfedern vom Amazonas, Kolibrifedern aus der Sierra, Alpaka-Wolle oder ganz einfach Mais, Kartoffeln oder Tomaten geladen hat.

Das drei Kilometer oberhalb der Inka-Hauptstadt Cuzco gelegene Sacsayhuaman dient nicht nur der Verteidigung, hier werden auch Zeremonien abgehalten und Vorräte gelagert.

Wir statten dem Jahr 1450 einen Besuch ab. Damals regierte der berühmteste aller Inka, Pachacútec Yupanqui. Das größte Reich des alten Amerika befindet sich noch auf seinem Höhepunkt, doch gerade mal etwas über achtzig Jahre später wird der Spanier Francisco Pizarro Cuzco erreichen und plündern. Die unter uns gelegene Hauptstadt, in der dreihundert Jahre früher das Inka-Reich entstand, gleicht momentan einer Baustelle, hat der Herrscher doch angeordnet, die Stadt komplett abzureißen und neu zu errichten. Gepflasterte Straßen, Steinhäuser und Wasserleitungen soll es hier bald geben. Trotz der Bauarbeiten lässt sich der Wohlstand an den prächtigen Gebäuden und breiten Straßen leicht erkennen. In dieser Stadt lebt nicht nur der König, hier residieren Adel und hohe Beamte.

Unter uns im Stadtzentrum am Huacaypata-Platz gehen die vier Hauptstraßen des Reiches in die vier Himmelsrichtungen ab. Nach Norden und Süden geht es auf der insgesamt 5200 Kilometer langen Andenroute über Hängebrücken und schneebedeckte Pässe. Im Westen erreicht man die Pazifikküste, und im Osten wartet der Urwald. Auf diesen Straßen erreichen Güter die Stadt, und gleichzeitig gelangt die Armee blitzschnell in noch so entlegene Provinzen. Die Straßen teilen die Stadt in genau vier Abschnitte, ein streng geometrischer Stadtplan. Und auch sonst ist im Andenreich alles wohlgeordnet und organisiert. Hinter uns setzen die Bauarbeiter gigantische Steinblöcke zu Mauern zusammen, denn auch die Festung hier oben auf dem Berg ist noch nicht fertig. Auch ohne Rad und Metallwerkzeuge haben die Inka architektonische Meisterleistungen vollbracht.

Eine Schrift hatten sie ebenfalls nicht, zumindest nicht das, was wir heute unter Schrift verstehen. Rechnen aber konnten sie, und sie verfügten über ein ausgeklügeltes System, um ihre Daten zu verwalten. Und ob es nicht doch mehr als Zahlen waren, darüber ist sich die Wissenschaft noch längst nicht einig.

Doch jetzt stelle ich Ihnen erst mal den Herrn mit dem Federschmuck auf dem Kopf und dem mit Goldplättchen besetzten Umhang vor, der in der Zwischenzeit in unseren Kreis getreten ist. Er ist ein Quipucamayoc, ein Experte für Knotenschnüre, und ein hoher Verwaltungsbeamter des Inka-Reiches. Er wird uns dabei helfen, uns ein bisschen mit den Zahlen der Inka vertraut zu machen.

Die Lama-Karawane hat den Innenhof erreicht, und der Karawanenführer drückt unserem Beamten ein Quipu in die Hand, einen Lieferschein aus Schnüren, auf dem in Zahlen festgehalten ist, was er geladen hat und was in die großen Speicherhäuser verfrachtet werden soll. Den hat ihm der oberste Beamte des Nordens mitgegeben, von wo die Karawane aufgebrochen ist.

Die Zahlen finden wir auf den Quipus genannten Knotenschnüren, die bis heute nicht vollständig entschlüsselt sind. Wir wissen aber, dass es sich größtenteils um statistische Angaben handelt, die der Verwaltung des riesigen Reiches dienten. Die Zahlen sind nur der Teil, den wir schon entschlüsselt haben. Es ist also ein bisschen so, als würde man ein Buch lesen, könnte aber nur die Zahlen erkennen, nicht die Schrift.

Die Quipus waren Informationsspeicher. Nicht nur Waren mussten gezählt und registriert werden, auch die Bevölkerung wurde immer wieder statistisch erfasst, denn danach bemaßen sich die Abgaben in Form von Gütern und die Arbeitspflicht gegenüber dem Staat auf Feldern und Baustellen. Danach richtete sich auch die Anzahl der Läufer, die für den Staffeldienst bereitgestellt werden mussten, eine die Berghänge hoch und runter flitzende Post, die wichtige Mitteilungen für den Herrscher überbrachte.

Die Anzahl der Bewohner und ihr Alter entschied auch über viele weitere Pflichten. Rasthäuser an den Straßen wollten bewirtschaftet, Wege und Brücken instand gehalten werden. Dazu war das ganze Reich in Einheiten gegliedert, die sich leicht auf Knotenschnüren darstellen ließen. Es gab mehrere Verwaltungsebenen, und wenn die unterste lokale Ebene die Angaben eines Dorfes erhielt, dann fasste sie sie auf einem Quipu mit den Angaben aller weiteren ihr unterstehenden Einheiten zusammen und meldete sie damit an die nächsthöhere Ebene. Alles fand seinen Weg in die Archive: Geburten, Todesfälle, Eheschließungen ebenso wie die Mengen an vorhandenen Rohstoffen oder Lebensmitteln oder die Anzahl an waffenfähigen Männern.

Die amerikanische Wissenschaftlerin Marcia Ascher schreibt in ihrem Buch über die Mathematik der Inka, die Quipus sähen ein bisschen aus wie ein Mopp. Mir scheint das eine treffende Beschreibung zu sein. Hergestellt wurden die Zahlenschnüre zum größten Teil aus Baumwolle, es gibt aber auch Wollfäden in unterschiedlichen Farben. An einer dicken, etwa einen halben Meter langen Hauptschnur hängen dünnere Stränge, die zum Teil wieder zu Gruppen zusammengefasst sind. Die Stränge sind mit in Gruppen angeordneten Knoten übersät. Mal einer, mal zwei, mal drei. Manchmal auch neun oder keiner.

Ganz oben auf den Strängen befinden sich die Knoten, die die Zahl mit dem höchsten Stellenwert abbilden. Auf die Zehntausender etwa folgt dann weiter unten auf dem Strang ein Bereich für die Tausender, dann kommen die Hunderter, die Zehner und die Einer. Findet man auf solch einem Strang also beispielsweise zwei Knoten im oberen Bereich der Schnur, dann bedeutet das 20 000.

Das System der Inka ist dezimal, genauso wie unseres. Das ist interessant, weil es eben auch andere Systeme gibt. Die Maya hatten zum Beispiel die 20 als Grundlage ihres Zahlensystems und die Babylonier die 60. Bei den Inka steht eine leere Stelle für die Null, und eins bis neun werden mit genau der entsprechenden Anzahl von Knoten abgebildet.

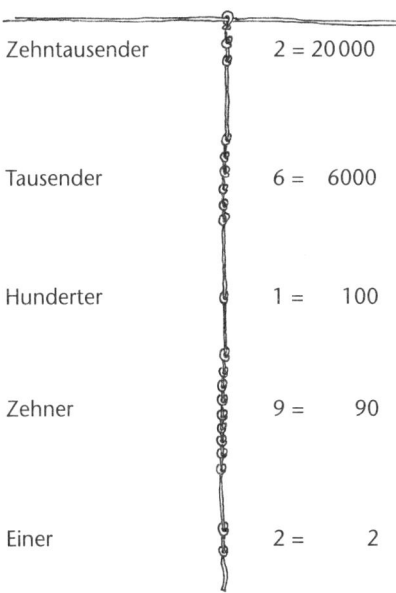

Zehntausender	2 = 20 000
Tausender	6 = 6000
Hunderter	1 = 100
Zehner	9 = 90
Einer	2 = 2

Manchmal existiert zusätzlich eine Schnur, auf der die anderen Stränge aufsummiert wurden. Beispielsweise könnte das Vieh mehrerer Dörfer gezählt worden sein. Dann fasste die Verwaltung diese Dörfer zu einer Einheit zusammen und addierte den Viehbestand aller Dörfer. Genauso eigentlich, wie man die Dinge heute auch regelt. So wie Sie vielleicht Ihre Projekte an Ihren Chef melden, und der trägt sie auf ein Excel-Sheet ein, auf dem schon die Projekte Ihrer Kollegen stehen. Die Quipus dienten den Inka als Excel-Sheets. Das könnte dann etwa so ausgesehen haben:

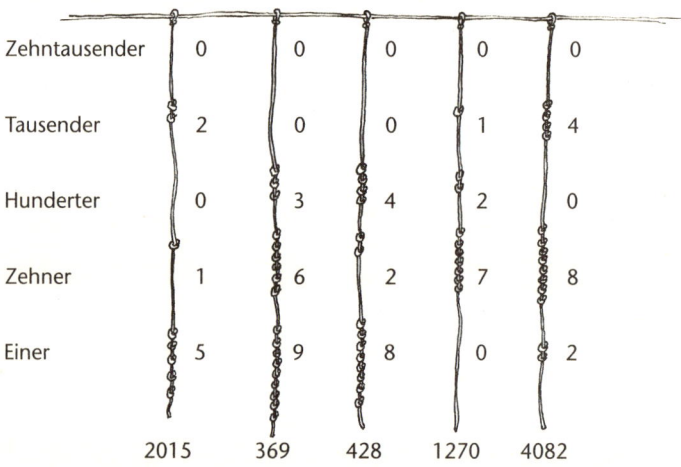

Die Inka waren auch passionierte Buchhalter. Und damit hatten sie unter den alten Kulturen keine Sonderstellung. In Babylonien wurde die Buchhaltungspflicht für Kaufleute sogar schon 1728 vor unserer Zeitrechnung eingeführt. Und die jahrtausendealten Tontäfelchen mit Keilschrift, vor denen wir staunend im Museum stehen, enthalten mit-

nichten poetische Ergüsse und große Epen. In der Mehrzahl sind es Lieferscheine und Verträge. Wenn Sie also mal wieder genervt die Zahlen für einen Report zusammentragen, dann denken Sie bitte nicht, das sei ein Fluch unserer Zeit!
Doch enthalten die Quipus der Inka wirklich nur Zahlen? Sie sind ja immer noch nicht vollständig entziffert. Und gräbt man in der Vergangenheit, stößt man immer wieder darauf, dass unser Wissen nie definitiv ist, sich also auch wieder ändern kann, wenn die Wissenschaftler neue Informationen erhalten, sei es durch Ausgrabungen oder die Entzifferung einer bisher für uns unleserlichen Schrift oder Sprache.
Das Wissen über die Quipus und die Verwaltung der Inkas ist durch die Spanier zu uns gelangt. Also durch die Sieger und Kolonialherren, die ja bekannterweise nie ein gutes Haar an den Besiegten lassen, schon um ihre Vorgehensweise zu rechtfertigen. Doch selbst wenn unsere Quellen Sympathien für die Andenbewohner hegten, ist oft unklar, wie zuverlässig sie waren. Haben sie wirklich verstanden, was man ihnen zeigte, und es richtig wiedergegeben?
Ob die Quipus also nur Zahlen enthalten oder doch mehr erzählen, nämlich Geschichten und die Historie des Landes, für die die Knoten als Gedächtnisstütze dienen, ist bis heute umstritten. Wir können nur einen Teil lesen, und es gibt mehr, das darauf wartet, enträtselt zu werden. 80 Prozent der Quipus gelten als entziffert, aber 20 Prozent sind es noch nicht. Schon lange vermutet man, dass es sich um geschichtliche Daten handelt, so steht es ja schon in den Schriften der spanischen Eroberer.
Welche Bedeutung Dicke und Art der Knoten, Material oder

die unterschiedlichen Farben haben, das wartet noch auf seine Entzifferung. So könnten die Farben einfach unterschiedliche Kategorien abbilden. Noch im 19. Jahrhundert zählten die Hirten in den Anden ihre Viehbestände mit Knotenschnüren. Ob es sich um Schafe oder Ziegen handelte, erkannte man an den Farben. So wie Sie in Ihrem Excel-Sheet vielleicht Äpfel oder Birnen über eine Spalte schreiben, um zu dokumentieren, was Sie verkauft haben.

Genau an dieser Stelle liegt noch eines der großen Rätsel der Quipus. Noch wissen wir nicht, wie die Beamten erkannten, was ihnen genau gemeldet wurde. Auch unser Quipucayamoc lächelt nur vornehm, sobald wir ihm diese Frage stellen, verrät aber nichts und kaut ruhig auf seinem Koka-Blatt herum. Und vielleicht werden wir die Quipus auch nie ganz entziffern.

Jetzt geht es darum, zu testen, wie es sich mit diesen Knoten rechnen lässt. Lassen Sie uns dafür auf Inkaweise die drei Zahlen auf dem Quipu addieren. So wie unser Quipucamayoc wollen wir es im Kopf machen.

Schummeln Sie jetzt nicht gleich, indem Sie sich die Zahlen danebennotieren! Lassen Sie uns einmal die Knoten als Knoten addieren!

Bis zu vier gleiche Einheiten können von uns normalerweise sehr schnell erfasst werden. Egal, ob es sich um Knoten, Kerben oder beispielsweise Löffel handelt. Wir sehen die richtige Anzahl mit einem Blick. Ab fünf wird es komplizierter. Da geht es mit der Zählerei los.

Doch legen wir einfach los und sehen, wie wir zurechtkommen!

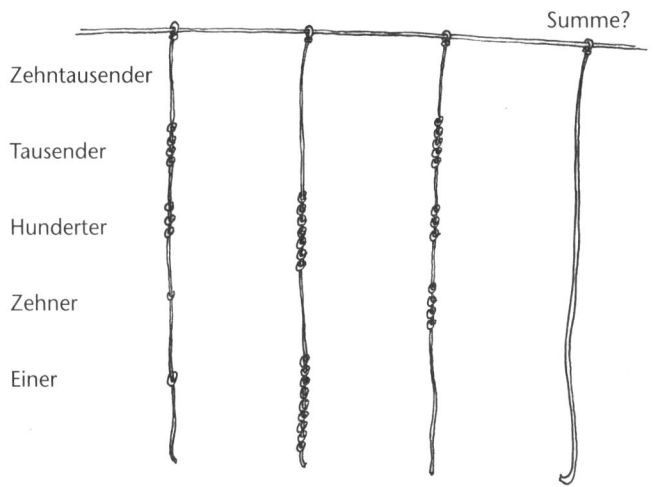

Haben Sie ein Ergebnis gefunden? Oder sich doch beim Zählen verheddert? Ich empfinde drei zu addierende Stränge, auf denen jeweils vier Ziffern in Knoten abgebildet sind, als eine recht unübersichtliche Angelegenheit. Durch das viele Zählen zwischendurch gerät man immer wieder beim Rechnen durcheinander. Und dabei handelt es sich ja keineswegs um besonders große oder viele Zahlen. Ich habe es so gemacht, dass ich mir zuerst die Einerstellen rechts angeschaut habe, diese mit den nächsten Einerstellen addiert habe und so weiter. Es bleibt die Schwierigkeit, zum einen die Knoten zu zählen und zum anderen gleichzeitig das aufsummierte Zwischenergebnis für die Stelle zu behalten.

Ich bin froh, dass wir in der Regel keine Knoten zählen müssen, sondern wunderbare Ziffern zur Verfügung haben. Natürlich kann es gut sein, dass man mit der Zeit einen anderen Blick bekäme. Vermutlich muss unser Quipucayamoc gar nicht so viel zählen wie wir. Eher ist anzunehmen, dass er mit seinem geschulten Blick auch Ziffern aus mehreren Knoten gleich als die entsprechende Anzahl wahrnimmt. Für uns Anfänger aber bleibt es etwas mühsam.

Wären statt der Knotenstränge Ziffern vorgegeben, hätte ich dagegen im Kopf leichtes Spiel. Dann stände da einfach:

```
  4311
+  709
+ 5340
```

Mit den Zehnern und Einern jeder Zahl habe ich 11 + 9 = 20 und 20 + 40 = 60. Mit den vorderen Stellen, also den Hundertern und Tausendern, ist es nicht viel schwieriger, weil ich 43 und 7 zu einer 50 zusammenfasse und dann die 53 als 50 + 3 anhänge. Am Ende haben wir die 60 und vorne die 100 + 3, also insgesamt 10360. Keine schwere Aufgabe eigentlich.

 **Aufgabe**

Versuchen wir es noch einmal mit einem anderen Quipu. Bestimmt werden Sie mit etwas Übung im Inkarechnen mit der Zeit besser!

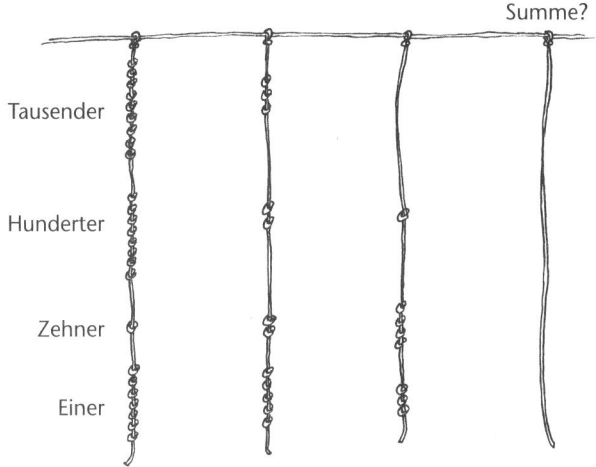

−0,5° | **Nauru**
Südpazifik

0° 31′ 22″ S
166° 55′ 53″ O

Breite: −0,522778°
Länge: 166,931503°

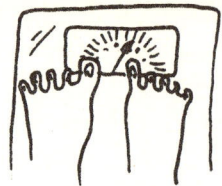

Body-Mass-Index berechnen

Mehr als 2000 Kilometer über das Meer sind es von unserem neuen Standort Nauru bis Papua-Neuguinea im Westen. Und auch im Osten trifft man erst nach 2000 Kilometern auf die unzähligen Inseln von Kiribati. Eine etwa ebenso große Strecke muss man zurücklegen, um den australischen Kontinent im Südosten zu erreichen.

Die kleine Insel Nauru ist das Land der Dicksten dieser Welt. Hier leben die Menschen mit dem höchsten Body-Mass-Index (BMI). Auch in Samoa, in Französisch-Polynesien oder auf den Cook-Inseln bringen die Bewohner einiges auf die Waage. Vielleicht erinnern Sie sich noch an den schwergewichtigen ehemaligen König von Tonga, der immer die Landebahn des Flugplatzes sperren ließ, um dort Fahrrad zu fahren, als es ans Abspecken ging? Die gängige Erklärung dafür, dass die Gauguin'schen Südsee-Schönheiten sich in Tonnen verwandelt haben, lautet, dass der westliche Lebensstil die einheimische Kultur zerstört habe. Wer früher von Früchten und Fisch lebte, isst heute Fastfood und Snickers. Statt Kokosnüsse vom Baum zu pflücken, lässt man Pizza liefern.

Nauru führt mit einem durchschnittlichen Body-Mass-Index von 33,9 bei den Männern und sogar 35 bei den Frauen die Hitliste der übergewichtigen Länder an. Ein idealer Ort also, um uns ein wenig mit den eigenen Pfunden zu beschäftigen! Nur rein rechnerisch natürlich!

Wie man die Pfunde wieder loswird, ist ein Thema, das mich schon lange umtreibt. Geistige Arbeit, wie Kopfrechnen, verbrennt leider bei Experten nur wenige Kalorien, führt aber dazu, dass man kräftig zulangt. Anders ist es bei Experten nur, wenn die Aufgaben besonders schwierig sind. Bei Novizen kann bei der gleichen Aufgabe der Kalorienverbrauch deutlich höher sein, weil die Anstrengung für sie größer ist. Dies wird auf den Stress zurückgeführt, dem unser Gehirn ausgesetzt ist, wenn es sich abrackert. Nach einer geistigen Anstrengung versucht der Körper außerdem die Zuckerspeicher schnell wieder zu füllen.

BMI ausrechnen

Die Weltgesundheitsorganisation benutzt den Body-Mass-Index, um unterschiedliche Länder zu vergleichen. Der BMI beschreibt das Verhältnis von Körpergröße zu Körpergewicht. Dabei gilt:

BMI
unter 18,5 = Untergewicht
18,5 bis 24,9 = Normalgewicht
25 bis 30 = Übergewicht
über 30 = fettleibig

Für Männer und Frauen gelten beim Normalgewicht leicht unterschiedliche Werte. Für Frauen liegt das gängige Intervall zwischen 19 und 24 und für Männer zwischen 20 und 25. Kommen wir zu Ihnen: Ihren Body-Mass-Index berechnen Sie, indem Sie Ihr Gewicht durch Ihre Körpergröße zum Quadrat teilen.

$$BMI = \frac{\text{Gewicht in Kilogramm}}{\text{Körpergröße}^2}$$

Wiegen Sie beispielsweise 60 Kilogramm und sind 1,63 Meter groß, dann rechnen Sie:

$$\frac{60}{1{,}63^2}$$

Rechnen wir zunächst einmal 1,63 * 1,63 aus. Ich würde es im Kopf so angehen: Erst 163 * 163 rechnen, und dann das Ergebnis durch 10 000 nehmen. Das entspricht einer Kommaverschiebung um vier Stellen nach links. 163 lässt sich auch als 100 + 60 + 3 schreiben. Für die Multiplikation brauche ich nur jedes Summenglied aus der ersten Klammer mit jedem Summenglied aus der zweiten Klammer zu multiplizieren und die Ergebnisse zu addieren.

$$(100 + 60 + 3) * (100 + 60 + 3)$$

Das ergibt insgesamt 3 * 3 = 9 Einzelmultiplikationen.

Wir beginnen von hinten bei der Einerstelle und arbeiten uns nach vorne durch.

$3 * 3 = 9$

9 wird als Einerstelle der Lösung notiert.
6 Zehner für die 60 * 3 Einer ergibt 6 * 3 = 18 Zehner. Und das Ganze mal 2 ergibt 18 * 2 = 36 Zehner. Die 6 wird als Zehnerstelle der Lösung notiert plus 3 Hunderter für den Übertrag.
3 Hunderter als Übertrag plus 36 Hunderter (für 60 * 60) plus 1 Hunderter mal 3 Einer (das kommt zweimal vor) ergibt 3 + 36 + 2 * 3 = 45 Hunderter. 5 wird als Hunderterstelle notiert plus 4 Tausender für den Übertrag.
4 Tausender als Übertrag plus 6 Tausender (für 100 * 60), das Ganze mal 2, ergibt 4 + 2 * 6 = 16 Tausender. Die 6 wird als Tausenderstelle notiert plus 1 Zehntausender für den Übertrag.
Zum Schluss bleibt 1 Zehntausender als Übertrag plus 1 Zehntausender (für 100 * 100). Das ergibt 2 Zehntausender. Die 2 wird als Zehntausenderstelle notiert.
Die Lösung ist 26 569. Wir teilen das Ergebnis durch 10 000, indem wir das Komma, das ursprünglich hinter der 9 stand, um vier Stellen nach links verschieben. Das Ergebnis lautet 2,6569.
Wir runden auf 2,66 und haben jetzt unsere Körpergröße in Quadrat berechnet.
Jetzt teilen wir unser Gewicht von 60 Kilogramm durch die eben berechnete Zahl.

$60 : 2,66$

Die Aufgabe 60 : 2,66 wird zunächst auf beiden Seiten halbiert. Dann haben wir 30 : 1,33. Die schwierige Division durch 1,33 umgehen wir durch eine Näherungsdivision. Wir rechnen einfach beide Seiten mal drei.

30 * 3 = 90 und 1,33 * 3 = 3,99

Da sich aber mit 4 leichter rechnen lässt, nehmen wir statt 3,99 die 4. Der geringe Rechenfehler von rund einem Viertel Prozent ist für uns unerheblich.
90 : 4 ist das Gleiche wie

45 : 2 = 22,5.

Damit würde Ihr BMI also im normalen Bereich liegen.

Eine Formel umstellen

Um das etwas vorstellbarer zu machen, rechne ich aus, was unterschiedliche Body-Mass-Indexe tatsächlich in Pfunden bedeuten. Als Beispiel dient uns ein 1,80 Meter großer Mann. Wir schauen uns das einmal mit dem BMI von 33,9 aus Nauru an und vergleichen mit der 27,2, die ein deutscher Mann im Durchschnitt hat.
Zuerst stellen wir dafür die Formel um. Denken Sie jetzt bitte nicht: »O Gott, eine Formel umstellen!« Das ist nämlich nicht besonders schwierig. Meistens ist es sogar so, dass Sie es mit etwas Herumprobieren hinbekommen, sofern Sie ungefähr wissen, wie das Ergebnis aussehen muss.
Zuerst ordnen Sie Bekanntes und Unbekanntes. Auf einer

Seite notieren Sie die Angaben, die Sie zum Lösen der Aufgabe schon haben. Auf der anderen, was Sie suchen.

Wenn das Umstellen einer Formel für Sie keine Kleinigkeit ist, probieren Sie es am besten gleich aus! Suchen Sie aus den Angaben oben genau diese Informationen heraus und schreiben Sie sich diese auf! Die meisten Menschen lernen auch aus dem Handgelenk. Indem sie mitschreiben und sich Notizen machen.

Fertig? Vermutlich haben Sie aufgeschrieben, dass der durchschnittliche BMI eines deutschen Mannes 27,2 ist und seine Körpergröße 1,80 Meter beträgt. Auf der Haben-Seite verbuchen Sie also:

BMI = 27,2 und

Körpergröße = 1,80 Meter

Die andere Seite enthält das, was wir suchen. Das ist hier das noch nicht bekannte Körpergewicht.

Der nächste Schritt besteht darin, die bekannten Angaben in die Formel einzusetzen.

Aus unserer Formel

$$BMI = \frac{\text{Gewicht in Kilogramm}}{\text{Körpergröße}^2}$$

wird durch das Einsetzen der uns bekannten Informationen

$$27,2 = \frac{?\text{ (Gewicht in kg)}}{(1,80\,\text{m})^2}$$

Wir lösen nach dem »?« auf und multiplizieren dafür zuerst auf beiden Seiten mit $1,80\,\text{m}^2$.

Damit ergibt sich

$$27,2 * 1,80\,\text{m}^2 = ?\text{ (Körpergewicht in kg)} * \left(\frac{1,80\,\text{m}^2}{1,80\,\text{m}^2}\right)$$

Der letzte Klammerausdruck lässt sich zu 1 kürzen.
Damit gelangen wir zur Gleichung

27,2 * 1,80 m² = ? (Körpergewicht in kg).

Das Auflösen ist der entscheidende Schritt beim Umstellen. Damit sortieren wir die Formel so, dass auf der einen Seite der Gleichung das steht, was wir suchen, auf der anderen das, was wir schon wissen. Wir müssen jetzt nur noch die eine Seite ausrechnen, um zum Ergebnis zu kommen.

27,2 * 1,80²
= 27,2 * 1,8 * 1,8
= ? (Körpergewicht in kg)

Ich rechne 272 * 18 * 18 und teile das Ergebnis durch 1000. Das entspricht einer Kommaverschiebung um drei Stellen nach links.
Ich rechne zunächst 272 * 18. Das ist 250 * 18 plus 22 * 18. Ersteres ist 18 * 1000 : 4 = 9000 : 2 = 4500.
22 * 18 entspricht (20 + 2) * (20 − 2) = 20² − 2² = 400 − 4 = 396.
Die Summe ist dann 4500 + 396 = 4896.
Jetzt muss diese Summe noch mit 18 malgenommen werden. Wir schreiben 4896 als 5000 − 104, damit haben wir einfachere Zahlen. Zunächst finden wir 5000 * 18 = 90000. Davon ziehen wir 104 * 18 = 100 * 18 + 4 * 18 = 1800 + 72 = 1872 ab. Dies ergibt 88128. Durch 1000 geteilt, erhalten wir 88,128 Kilogramm.
Übrigens sollten Sie die Informationen, die Sie zum Rechnen haben, nicht nur dann sortieren, wenn es gilt, eine Formel umzustellen. Immer wenn Sie ratlos dasitzen und

sich fragen: »Ja, was soll ich denn jetzt machen?«, greifen Sie zu Zettel und Stift und schreiben auf, was Sie an Informationen haben und was Ihnen fehlt, um die Aufgabe zu lösen. Dieser erste Schritt führt oft zum zweiten Schritt und schließlich zum Lösen einer Aufgabe.

Der Einser-Weg

Eine andere Vorgehensweise ist der »Einser-Weg«, auf dem alles auf eine »Einsheit« reduziert wird. Diese eine Einheit BMI bei der vorgegebenen Körpergröße von 1,80 m lässt sich so ausrechnen:

Mit der Definition des BMI haben wir die sogenannte Einsheit-Gleichung: $1 \text{ (BMI)} = \frac{\text{Gewicht in Kilogramm}}{\text{Körpergröße}^2}$

Wir setzen einfach an die Stelle, wo BMI steht, eine 1.

Wir könnten auch schreiben: $1 \text{ (BMI)} = \frac{? \text{ (kg)}}{1,80 \text{ m} * 1,80 \text{ m}}$. Oder noch einfacher ohne Einheiten: $1 = \frac{?}{3,24}$. Hier muss das ? 3,24 ergeben, damit rechts die 1 rauskommt. Durch Multiplikation beider Seiten mit Körpergröße in m² ergibt sich:

Körpergröße² = Gewicht in kg – oder ohne Einheiten:

(1,80 * 1,80) = 3,24

Der BMI 1 entspricht einem Gewicht von 3,24 Kilogramm. Und damit haben wir unsere Einsheit.

Im nächsten Schritt wird der BMI 1 mit dem Nauri-BMI von 33,9 multipliziert.

3,24 * 33,9

Ich rechne 324 * 339 und dann das Ergebnis durch 1000. Das entspricht wieder einer Kommaverschiebung um drei Stellen nach links. 324 lässt sich auch als 300 + 20 + 4 schreiben und 339 als 300 + 30 + 9. Für die Multiplikation brauche ich nur jedes Summenglied aus der ersten Klammer mit jedem Summenglied aus der zweiten Klammer zu multiplizieren und die Ergebnisse zu addieren.

(300 + 20 + 4) * (300 + 30 + 9)

Es handelt sich wieder um insgesamt 3 * 3 = 9 Einzelmultiplikationen, die wir ausführen müssen.
Wir beginnen von hinten bei der Einerstelle und arbeiten uns nach vorne durch.

4 * 9 = 36

Wir notieren 6 als Einerstelle der Lösung plus 3 Zehner für den Übertrag.
3 Zehner als Übertrag plus 2 Zehner für die 20 mal 9 Einer plus 3 Zehner für die 30 mal 4 Einer ergibt

3 + 2 * 9 + 3 * 4 = 3 + 18 + 12 = 3 + 30 = 33 Zehner.

Von diesen 33 Zehnern notieren wir 3 als Zehnerstelle der Lösung. Es verbleiben 3 Hunderter für den Übertrag.
Der Übertrag von 3 Hundertern plus 3 Hunderter für die 300 mal 9 Einer plus 6 Hunderter für 20 * 30 plus 4 Einer mal 3 Hunderter für die 300 ergibt

3 + 3 * 9 + 2 * 3 + 4 * 3 = 3 + 27 + 6 + 12 = 30 + 18 = 48 Hunderter.

Von diesen 48 Hundertern notieren wir 8 als Hunderterstelle der Lösung. Es verbleiben 4 Tausender für den Übertrag.
4 Tausender als Übertrag plus 9 Tausender für die 300 * 30 plus 6 Tausender für die 20 * 300 ergibt

$4 + 3 * 3 + 2 * 3 = 4 + 9 + 6 = 19$ Tausender.

Von diesen 19 Tausendern notieren wir 9 als Tausenderstelle der Lösung. Es bleibt 1 Zehntausender für den Übertrag.
Zum Schluss haben wir noch 1 Zehntausender als Übertrag plus 9 Zehntausender für 300 * 300.
Das ergibt 10 Zehntausender. Wir notieren 0 als Zehntausenderstelle der Lösung. Es bleibt 1 Hunderttausender für den Übertrag.
Dieser Übertrag ist schon die Hunderttausenderstelle der Lösung, weil wir fertig sind. Insgesamt haben wir 109 836 als Lösung.

Für die fortgeschritteneren Rechner kommt jetzt noch ein alternativer Rechenweg, den ich eleganter finde. Wir gehen hier mit etwas größeren Schritten vorwärts.

108 (= 324 : 3) * 1017 (= 339 * 3)

Damit haben wir leicht gekürzt wiedergegeben:

(100 + 8) * (1000 + 17).

Wir addieren zu 100 000 8000. Das ergibt 108 000, dieses entspricht (100 + 8) * 1000. Dann addieren wir 1700 und 136. Das ergibt 1836. Dieses entspricht (100 + 8) * 17. Wir addieren 1836 zu 108 000 und haben 109 836.

Mit dem deutschen BMI von 27,2 ergibt sich dagegen

3,24 * 27,2 = 88,128

Das Ergebnis kennen wir schon. Diese Rechnung soll nur erklären, warum links die 3,24 steht.

$$1,8 * 1,8$$
$$= \frac{(18 * 18)}{100}$$
$$= \frac{(20 * 18 - 2 * 18)}{100}$$
$$= \frac{(360 - 36)}{100}$$
$$= \frac{324}{100}$$
$$= 3,24$$

Der Mann aus Nauru wiegt bei gleicher Größe also über 20 Kilo mehr als der ebenfalls schon übergewichtige Deutsche.

Der BMI als Maßgröße wird zunehmend kritisiert. Sie kennen das alles. Mal stellt eine neue Studie fest, dass Übergewichtige sogar länger leben als Normalgewichtige, Fettleibige aber auf jeden Fall schneller sterben. Dann heißt es, aussagekräftiger als der BMI sei der Taillenumfang. Da gilt ein Taillenumfang von über 88 bei Frauen und von 94 bei Männern als gefährlich. Das Bauchfett gilt als das böse Fett, das an Hüften und Oberschenkeln als weniger böse. Der BMI ist also nicht das Maß aller Dinge, sondern ein grober Richtwert. Wobei ein BMI von durchschnittlich 33,9 wie in Nauru unbestritten als ungesund gilt und leider auch mit einer hohen Diabetes-Rate einhergeht. Ich selbst finde den BMI zumindest als Richtwert nützlich.

Noch schnell ein paar Worte zu der Maßeinheit (Kilo-)Kalorien, die eigentlich seit 1948 abgeschafft ist: Für mich ist es kein Wunder, dass die neu eingesetzte Einheit Joule sich bis heute nicht durchsetzen konnte, lässt es sich mit Kalorien doch viel einfacher rechnen, weil die Zahlen kleiner sind. Eine Kilokalorie sind 4,1868 Kilojoule. Da Joule-Werte mehr als 4-mal so groß sind, lassen sie sich also schwerer memorieren und sind beim Rechnen unhandlicher.

Wie viele Kilokalorien Sie täglich zu sich nehmen, lässt sich leicht herausfinden. Dazu gibt es Tabellen, und auf den meisten Lebensmitteln steht es auch drauf. Genauso gibt es Durchschnittswerte, wie viele Kalorien Sie am Tag verbrauchen. Das hängt vom Geschlecht und vom Alter ab und davon, was man so tut. Leute im mittleren Alter, die mittelgroß sind und mittelschwer und sich so mittelviel bewegen, verbrauchen etwa 2000 bis 2500 Kilokalorien am Tag. Das kann aber natürlich immer individuell abweichen.

Wie schnell purzeln die Pfunde?

Bei mir setzt das Gefühl ein, etwas moppelig zu sein, wenn mein BMI etwa bei 30,5 liegt. Offiziell habe ich da schon die Grenze zwischen übergewichtig und fettleibig überschritten. Da ich jedoch recht groß bin, verteilt sich das Ganze und sieht weniger schlimm aus, als es sich anhört. Finde ich zumindest!

Wenn ich mich dann noch ein paar Tage rumquäle mit dem Gedanken, dass ich jetzt wohl doch mal wieder abnehmen muss, weiter drauflosfuttere und ganz langsam auf die Diät-Schiene einbiege, bin ich oft schon bei 31. Bei einer Körpergröße von 1,90 sind das etwa 112 Kilo. Einmal im Jahr trete ich auf die Kalorien-Bremse. Den Rest des Jahres esse ich, so viel ich will. Natürlich raten mir viele vernünftige Leute, meine Ernährung umzustellen, damit kein Pingpong-Effekt eintritt. Doch davon hält mich meine Leidenschaft für Schokolade ab. Außerdem kenne ich niemanden, bei dem diese Umstellung dauerhaft geklappt hat. Mit 85 Kilo und einem BMI von 23,5 bin ich wieder normal dünn und kann den Rest des Jahres meine grauen Zellen mit Schokolade füttern.

Nun weiß ich, dass ich bei meinem Lebenswandel und Alter etwa 2600 Kalorien am Tag zu mir nehmen kann, ohne ab- oder zuzunehmen. Ich weiß auch, dass ich etwa 7000 Kalorien einsparen muss, um 1 Kilo zu verlieren. Jetzt mache ich es am liebsten so, dass ich eine Vollbremsung einlege, und eine Zeitlang nur noch 600 Kalorien am Tag zu mir nehme.

Da 7 * 2600 = 18 200
und 7 * 600 = 4200
und 18 200 − 4200 = 14 000

verliere ich in einer Woche auf diese Weise etwa 2 Kilogramm.

Die 600 habe ich gewählt, weil ich es witzig finde, alle 12 * 12 Sekunden eine Kalorie zu mir zu nehmen. Denn:

12 * 12 = 144 Sekunden
144 * 600 = 86 400 Sekunden

Und 86 400 Sekunden hat eben der Tag.

Merke ich dann, dass ich doch schneller als geplant abnehme, gehe ich auf 800 oder 1000 Kalorien.

Nun rechne ich noch aus, wie lange ich meine Diät durchhalten muss, um von den 112 Kilo auf 85 Kilo zu kommen.

112 − 85 = 27 Kilo, die ich insgesamt abnehmen will in

27 : 2 = 13,5 Wochen.

27 Kilogramm sind schon ein starkes Stück. Bei den meisten Diäten, wie etwa der Brigitte-Diät, nehmen Sie 1000 bis 1500 Kalorien am Tag zu sich. Zumindest wenn man über einen längeren Zeitraum abnimmt, wird das empfohlen. Ein oder zwei Pfund pro Woche, das gilt allgemein als gesund, gut verträglich und nachhaltig. Ich empfehle Ihnen das deshalb auch, besonders wenn Sie nicht ganz gesund sind, sollten Sie sich nicht solchen Rosskuren unterziehen wie ich. Das ist nicht das, was Spezialisten und Ärzte Ihnen raten, und ich rate es Ihnen auch nicht.

Lassen Sie uns also noch mal gemeinsam rechnen, bei welchem BMI ich lande, wenn ich dreizehn Wochen nur jeweils ein Pfund pro Woche abnehme:

13 * 0,5 = 6,5 Kilogramm, die ich insgesamt abnehmen würde.

112 − 6,5 = 105,5 kg

Beim BMI würde ich dann landen bei

105,5 : 3,61

Hier reicht eine einfache Schätzung. Wir wollen es uns

nicht zu kompliziert machen. Messungen sind ja nie ganz perfekt. Mal wiegen Sie etwas weniger und mal etwas mehr. Dem BMI von 1 entsprechen 1,9 * 1,9 Kilogramm.

$$1,9 * 1,9$$
$$= \frac{(19 * 19)}{100}$$
$$= \frac{(20 * 19 - 1 * 19)}{100}$$
$$= \frac{(380 - 19)}{100}$$
$$= \frac{361}{100} = 3{,}61 \text{ kg.}$$

Dem BMI von 30 entsprechen dann

$$30 * 3{,}61$$
$$= 3 * 36{,}1$$
$$= \frac{3}{10} * 361$$
$$= 3 * \frac{361}{10}$$
$$= \frac{1083}{10} = 108{,}3 \text{ kg.}$$

Wir sehen, dass 105,5 Kilogramm dann einem BMI von gut 29 entsprechen müssen. 105,5 Kilogramm sind knapp 3 Kilogramm oder knapp 1 BMI-Punkt weniger als 108,3 Kilogramm.

Hm! Mit einem BMI von gut 29 wäre gerade die Fettleibigkeit verbannt, aber nicht für lange, denn bei 30 würde sie wieder einsetzen.

Bleiben wir dennoch weiter bei der langsamen Methode und rechnen jetzt aus, wie lange ich brauche, um von 110 auf 84 Kilo zu kommen, wenn ich nur 1 Pfund pro Woche abnehme.

Das auszurechnen ist jetzt nicht so schwer. Das bekommen Sie im Kopf hin!
110 – 84 = 26
26 Kilogramm = 52 Pfund
Pro Woche ein Pfund = 52 Wochen
Ein ganzes Jahr nur abnehmen? Der einzige Trost wäre, dass ich dann auch ein ganzes Jahr lang wieder Schokolade essen könnte bis zur nächsten Diät! Und apropos: Wie verhält es sich mit Ihrem BMI und Ihren Diäten? Ein bisschen was können Sie natürlich tun, indem Sie auf unserer Reise immer kräftig mit anpacken und auch vor dem höchsten Berg nicht zurückschrecken!

Aufgabe

Lassen Sie uns ausrechnen, wie lange jemand mit dem Durchschnitts-BMI von Nauru von 33,9 braucht, um sein Übergewicht zu verlieren. Wir bleiben bei den 1,80 Metern und dem Gewicht von 109,836 Kilo, das wir schon ermittelt haben. Wie lange braucht der Mann, um auf einen gerade noch als normal geltenden BMI von 24,9 zu kommen, wenn er mit der von Ärzten und Diätkennern empfohlenen täglichen Kilokalorienanzahl von 1200 abnimmt? Wir nehmen auch hier an, dass 1 Kilogramm Körperfett 7000 Kilokalorien entspricht und dass der Tagesbedarf dieses Mannes bei normalen Bedingungen 2600 Kilokalorien beträgt.

−0,1° **Ishango**
Demokratische Republik Kongo

0° 8′ 11″ S
29° 36′ 6″ O
Breite: −0,136346°
Länge: 29,601768°

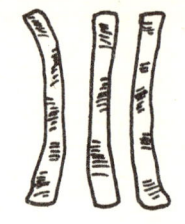

Rechnen mit Kerben

Mathematische Rätsel habe ich schon immer geliebt. Nicht nur löse ich gerne Sudokus, ich liebe jede Art von rechnerischem Spiel. Da werde ich wieder zum Kind und stürze mich drauf. Besonders gern untersuche ich Zahlen auf ihre Regelhaftigkeit. Scheinbar willkürlich aneinandergereihte Zahlen entpuppen sich oft zu einem interessanten mathematischen System, wenn man genauer hinschaut.

Um ein solches Rätsel zu lösen, unternehmen wir eine Zeitreise in die Steinzeit, genauer gesagt begeben wir uns ins Jahr 23 000 vor unserer Zeitrechnung in den Ostkongo, nahe der Grenze zu Uganda.

Die Bewohner von Ishango jagten einst Nilpferde im Semliki mit Speeren und Harpunen und betrieben Fischfang im Edwardsee. Heute würde man ihnen bei ihrer Jagd einen Strich durch die Rechnung machen. Auf YouTube schaue ich mir ein Video von den Wildhütern des Virunganationalparks an, die, das Gewehr im Anschlag, in einem Boot

Patrouille fahren. Im Hintergrund planschen Nilpferde und Elefanten. Irgendwo in den in der Ferne sichtbaren Bergen leben die berühmten Berggorillas. Was hier auch ganz besonders ist: Die Asche von Vulkanen hat dafür gesorgt, dass archäologische Fundstücke trotz des feuchtheißen, alles zersetzenden Äquatorklimas gut erhalten geblieben sind.

Der Ishango-Knochen – seinetwegen sind wir hier – gilt als das älteste bisher gefundene mathematische Dokument. Sein Alter wird auf 20 000 bis 25 000 Jahre geschätzt. Die Bewohner von Ishango gehörten noch zu den Jägern und Sammlern, denn erst vor 11 500 Jahren wurden die Menschen sesshaft und begannen damit, den Boden zu bebauen. Der belgische Archäologe Jean de Heinzelin entdeckte den Ishango-Knochen in den fünfziger Jahren des 20. Jahrhunderts. Es handelt sich um einen Tierknochen – von welchem Tier, hat man noch nicht herausgefunden –, auf den Kerben geritzt sind. Wäre der Ishango-Knochen nur irgendein beliebiges Kerbholz, hätte man ihm natürlich nicht vor dem naturwissenschaftlichen Museum in Brüssel ein Denkmal errichtet.

Steine oder Knochen mit Kerben hat man auch an anderen Orten aus dem Boden geholt und schätzt sie teilweise auf noch älter. So werden etwa Funde aus Bilzingsleben in Thüringen auf 370 000 Jahre geschätzt, und bei Ausgrabungen im südtschechischen Dolní Věstonice fand man Kerbhölzer, die nicht nur reine Striche, sondern schon eine Bündelung von Zahlen zeigen. Ihr Alter soll 25 000 bis 30 000 Jahre betragen.

Kerben als Gedächtnisstützen sind noch nichts Besonderes. Das gab es überall. Ganz zu Anfang ließ sich auf diese Weise beispielsweise feststellen, ob alle Schafe von der Weide zurück in den Stall gefunden hatten. Für jedes Schaf machte man einfach eine Kerbe.

Auf den zu Indien gehörenden Nikobaren im Golf von Bengalen ritzte man in Bambusstangen, wie viele Kokosnüsse man gepflückt hatte. Später wurden die Techniken ausgefeilter. England benutzte bis ins 19. Jahrhundert Kerbhölzer für die staatliche Finanzverwaltung. Und wie es die Inka mit ihren Knotenschnüren machten, haben wir ja gerade schon gesehen. Auch die Quipus könnte man zu den Kerbhölzern zählen.

Noch vor gar nicht so langer Zeit war das Kerbholz auch im Alltag überall in Betrieb. Bäcker notierten, wie viele Brote jemand gekauft hatte. Genauso verfuhren Kaufleute und Wirte. Man schrieb an und zahlte später. Dann wurde das Kerbholz verbrannt oder abgekerbt, indem die Kerben aus dem Holz geschnitten wurden. »Etwas auf dem Kerbholz haben« besagt ganz einfach, dass man Schulden hat.

Auch Daniel Defoes Robinson Crusoe zählt die Tage, die er als Schiffbrüchiger auf seiner Insel verbringt, mit Kerben. Er zimmert ein großes Kreuz und gräbt es an der Stelle in den Sand, wo ihn die Wellen auf den Strand geworfen haben. Mit dem Messer ritzt er jeden Tag eine Kerbe in den Pfosten. An jedem siebten Tag ist die Kerbe doppelt so lang und an jedem Monatsersten wiederum doppelt so lang wie die Sonntagskerbe. Auf diese Weise hatte er auch auf der Insel einen Kalender.

Nicht nur Robinson Crusoe dachte sich unterschiedliche Kerben aus. Das war überall ein gängiges Verfahren. Die Kerbe konnte quer, längs oder schräg sein. Kurz oder lang.

Sie konnte an der Kante oder in der Mitte angebracht werden. Sogar gefärbte Kerben gab es. Sie konnten als einfacher Strich oder zu einer neuen Zahl gebündelt daherkommen, beispielsweise als Fünfer. Genauso wie die Bedienung in der Kneipe auch heute noch beim fünften Bier einen Schrägstrich durch die vier vorherigen Striche zieht. Die Bündelung, meistens in Fünfern, wie die Finger an einer Hand, gilt als die nächste mathematische Entwicklungsstufe nach den reinen Kerben.

Ähnlich wie Robinson Crusoe erging es mir in der Schule. Nur zählte ich nicht die schon abgelaufene Zeit einer Stunde, sondern habe abgekerbt. Auf einem Zettel zählte ich, wie viele Sekunden schon bis zum nächsten Gong vergangen waren. 2700 Sekunden hat eine 45-minütige Schulstunde.

Meine selbstgestellte Aufgabe war es, immer dann eine Kerbe zu ziehen, wenn eine Quadratzahl der noch verbleibenden Sekunden vorbei war. Dabei habe ich von oben nach unten gezählt. Die höchste dieser Quadratzahlen war die 51, denn 51 * 51 = 2601. Da setzte es die erste Kerbe. Die nächste war bei 50 * 50 fällig, also bei 2500 verbleibenden Sekunden. Und so ging es dann weiter mit 49 * 49 = 2401, dann 48 * 48 = 2304.

Mich motivierte vor allem, dass sich die Sekundenzahl von einer zur anderen Kerbe verringerte, weil die Quadratzahlen niedriger wurden, denn 3 * 3 = 9, 2 * 2 = 4. Und dann war die Unterrichtsstunde endlich vorbei. Meine Kerben gingen also über das simple Zählen hinaus und enthielten Berechnungen.

Genau das ist wohl auch bei dem etwa 10 Zentimeter großen Knochen aus dem Kongobecken der Fall. Man nimmt heute an, dass er eines der ersten Zeugnisse dafür ist, dass wir Menschen schon weitaus früher mathematische Kenntnisse besaßen als bisher angenommen. Es gibt mehrere Thesen, was die Zeichen auf dem Knochen bedeuten.

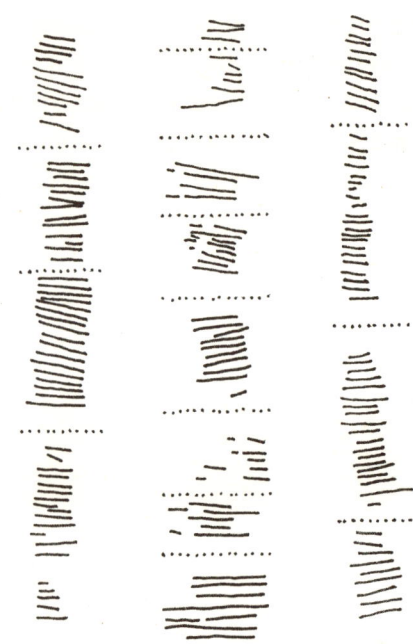

Schauen wir also auf die Kerben. Mit dem ersten Blick erfasst man, dass es drei Spalten gibt und auch eine Einteilung in Gruppen erkennbar ist.
Warum die Wissenschaft nun der Ansicht ist, manche Kerben gehörten zu dieser Gruppe, manche zu jener, lässt sich schon nicht mehr so leicht erkennen. Das gilt auch dafür, was als ganze Kerbe zu werten ist.

Selbstverständlich haben Archäologen und Anthropologen ganz andere Mittel, um ein solches Artefakt zu untersuchen, als wir, die wir hier nur auf eine Abbildung blicken. Bei der Interpretation, was als Kerbe und was als Gruppe zu sehen ist, verlasse ich mich einfach auf die Experten.

Hier geht es nicht nur darum, ein paar Zahlen im Kopf zu addieren wie bei den Inka-Quipus. Wenn wir ein mathematisches Muster analysieren, dürfen wir uns nicht gleichzeitig durch ständiges Zählen ablenken. Aus diesem Grunde sollten wir erst die Kerben abzählen und sie notieren.

	3	
11		11
	6	
	4	
13		21
	8	
	10	
17		19
	5	
	5	
19		9
	7	

Los geht's! Je besser sich jemand mit Zahlen auskennt, desto mehr wird er vermutlich in diesen Kerben entdecken. Und deshalb wird sich gleich das, was Sie aufspüren, und das, was ich erkenne, möglicherweise unterscheiden. Auch, wenn ich nicht alles, was ich sehe, bis ins Detail erklären will, möchte ich es doch einmal auflisten, um Ihnen zu demonstrieren, was alles an Berechnungen in einem Kerbholz stecken kann. Versuchen Sie gleich einfach mal meine Überlegungen nachzuvollziehen. Selbst wenn Sie bei Ihren Entschlüsselungen etwas mehr an der Oberfläche kratzen, kommen Sie aber auch mit den Grundrechenarten schon ganz schön weit. Machen Sie sich vielleicht ein paar eigene Notizen, bevor Sie sich durchlesen, was ich sehe, damit wir hinterher unsere Aufzeichnungen vergleichen können! Auch wenn Sie nicht direkt die Rechnungen auf dem Knochen erkennen, bekommen Sie jetzt zumindest mal einen Eindruck, wie es in meinem Kopf aussieht. Im nächsten Kapitel lassen wir es dann wieder etwas langsamer angehen. Jetzt aber los!

Die linke Spalte besteht aus vier Bereichen und zeigt die Zahlen 11, 13, 17, 19 (= 14 + 5). Das sind schon mal auffällige Zahlen, sind sie doch alle Primzahlen, und zwar genau die Primzahlen zwischen 10 und 20. Primzahlen sind Zahlen, die nur durch sich selbst und durch 1 ohne Rest teilbar sind. Sie gelten als einer der faszinierendsten Aspekte der Mathematik, und unzählige Koryphäen haben sich an ihrer Ergründung versucht. Spannend an ihnen ist, dass man sie nicht ausrechnen kann.

Die hier abgebildeten Primzahlen sind dazu noch zwei Zwillingspaare. So nennt man Primzahlen, deren Abstand 2 beträgt. Das eine Zwillingspaar sind also die 11 und die 13, das andere die 17 und die 19. Während es unendlich viele Primzahlen gibt, ist bis heute ungeklärt, ob auch unendlich viele Primzahlzwillinge existieren.

$11 + 19 = 13 + 17 = 30$

Alle Zahlen der linken Spalte ergeben 60.
Die mittlere Spalte besteht aus 8 Bereichen und zeigt

3
6 (= 3 * 2 oder 3 + 3)
4
8 (= 4 * 2 oder 4 + 4)
10
5 (= 10 : 2 oder 10 − 5)
5
7 (= 5 + 2)

Das Doppelte von 3 ist 6, das Doppelte von 4 ist 8, und das Doppelte von 5 ist 10.

Bis zur Mitte, also bei den ersten vier Zahlen, dominieren Addition oder Multiplikation. Zunächst sind es kleine, dann große Zahlen. Insgesamt sind zwei Paare dabei. Einmal das Paar 3 und 6 und dann das Paar 4 und 8. Ein Paar besteht aus zwei Zahlen, die miteinander in Verbindung stehen. Meine Überlegungen hier finden Sie in den Klammern oben hinter den Zahlen.

In der zweiten Hälfte dominieren Subtraktion und Division. Hier sind die Zahlen zunächst größer und werden dann kleiner. Es gibt insgesamt ein Paar, die 10 und die 5.

Auf der Metaebene werden die Zahlen ständig größer. Die

kleinen, 3, 4, 5, 6, 7, 8, um eins und die große, 10, um zwei. Schlusspunkt ist die Synthese (5 und 7), die sich vom folgelogischen Paar (12 und 6) distanziert: 12 als Summe von 5 und 7. 6 als Mittel von 5 und 7.

In der rechten Spalte gibt es wieder vier Bereiche mit den Zahlen 11, 21, 19 und 9.

11 und 9 sind 10+/−1, und 21 und 19 sind 20+/−1

11 + 9 = 20

Das ist die Hälfte von 21 + 19 = 40 und entspricht einer Aufdrittelung der 60. Die Primzahlsumme (11 + 19 = 30) ist gleich der Nichtprimzahlsumme (21 + 9 = 30). Alle Zahlen sind ungerade.

Jetzt schaue ich mir die Zusammenhänge zwischen den Spalten an. Die acht Außenbereiche (4 + 4) ergeben die acht Innenbereiche. Alle 16 Bereiche ergeben eine Quadratzahl (4 * 4) und eine Biquadratzahl, das ist die 4. Potenz, nämlich (2 * 2 * 2 * 2). Die Aufsummierung der mittleren Zahlen ergibt 48. Das ist genau das Produkt der Spaltenzahl mal der Anzahl der Bereiche der drei Spalten. Also 3 * 16.

Vielfach lassen sich die Außenbereichszahlen mittels der Innenbereichszahlen über Addition oder Subtraktion ableiten. Beispiele gefällig?

    11 + 10 = 21
    oder 13 + 6 = 19
    oder 19 − 10 = 9
    oder 17 − 6 = 11
    oder 60 + 48 + 60 = 168

Die Kerben aller 3 Bereiche zusammengenommen ergeben 1 weniger als die erste Quadratzahl jenseits der 12. 13 * 13 − 1 = 168. Sie ergeben genau 12 * 14, also das Produkt, welches die Unglückszahl 13 überwindet.

3, 5, 5 und 7, die ungeraden Zahlen aus dem mittleren Bereich, ergeben addiert 20. Das ist ein Drittel der Summe der jeweiligen Außenspalten.

Außensummen : Spaltenzahl = 20

Sie gipfeln in der harmonischen 5. Sie ist die mittlere einstellige ungerade Zahl und liegt genau zwischen 0 und 10. Sie tritt in der mittleren Spalte doppelt auf.

Die drei ersten ungeraden Primzahlen 3, 5 und 7 in der mittleren Spalte symbolisieren die drei Spalten. Die 3 und die 7 stehen für die Spalten außen, die doppelte 5, der Mittelwert, hält sie zusammen und wird als besonders wichtig betont.

Die geraden Zahlen 4, 6, 8 und 10 aus dem mittleren Bereich bilden den nichttrivialen Anteil der Zweierreihe aus dem kleinen 5 * 5. Als den trivialen Anteil bezeichnet man dagegen 0 * 2 = 0 und 1 * 2 = 2. Und diese tauchen hier nicht auf.

Aufsummiert ergeben 4 + 6 + 8 + 10 = 28. Das ist die zweite vollkommene Zahl, deren aufsummierte echte Teiler (1, 2, 4, 7, 14) die Zahl 28 wieder ergeben.

Aber hallo! Da steckt einiges drin in diesen Kerben! Vielleicht habe ich etwas übersehen und Sie entdecken es noch?

Schon der Archäologe Jean de Heinzelin, der den Knochen entdeckte, hielt die Zahlen für Rechnungen. Andere Forscher vermuten sogar, dass es sich um einen Rechenstab handelt und dass man die Zahlen der äußeren Spalten erhält, indem man die Zahlen der mittleren Spalte addiert. Andere Interpretationen sehen den Ishango-Knochen als Mond- oder Menstruationskalender.

Der belgische Mathematiker Dirk Huylebrouck ist sogar der Meinung, dass das auf der Zwölf basierende Duodezimalsystem und das Sexagesimalsystem, das die 60 zur Basis hat, aus dem Kongo stammen könnten. Die beiden äußeren Spalten des Knochens enthalten summiert jeweils 60 Kerben. Und ja, es ist genau dieselbe 60 gemeint, auf der die Koordinatenangaben am Anfang unserer Kapitel basieren.

So viel Mathematik hätte man unseren Vorfahren bis vor kurzem nicht zugetraut. Doch unser eigenes Wissen ist nichts Statisches, es entwickelt sich weiter. Wir lernen dazu. Auch, dass möglicherweise einiges an unserer Kultur älter ist, als wir bisher geahnt haben.

Aufgabe

Jetzt sind Sie dran, ein Kerbholz zu deuten, das ich für Sie entworfen habe. Es ist um einiges leichter zu interpretieren als der Ishango-Knochen. Schauen Sie mal, ob Ihnen dazu etwas einfällt! Im Lösungsteil finden Sie auch ein paar Vorschläge von mir.

4° | **Malé**
Malediven

4° 10′ 32″ N
73° 30′ 34″ O
Breite: 4,175496°
Länge: 73,509347°

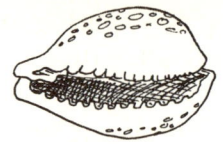

Mit Kaurischnecken einkaufen

Bisher mussten wir auf unserer Reise noch gar nicht mit fremdem Geld bezahlen, jetzt, auf unserem ersten Stopp nördlich des Äquators, wechseln wir die Währung. Mit dem globalsten und langlebigsten Zahlungsmittel aller Zeiten gehen wir auf einem tropischen Markt einkaufen. Und zwar im Kopf!

Originelle Zahlungsmittel gab es im Laufe der Geschichte so einige. Die Griechen und Römer beglichen ihre Rechnungen in Ochsen, bevor sie zu Münzen wechselten. In Island wurde mit Stockfischen gezahlt, in Tibet mit Tee, in Äthiopien mit Pfeffer, in der Sahara mit Salz, in Russland mit Eichhörnchenfellen und in Nordeuropa mit Bernstein. Auch Muscheln, Steine, Federn und Hundezähne waren beliebte Währungen.

Die Kaurischnecke ist in den angenehm temperierten Gewässern des Indischen Ozeans zu Hause. Nach Malé, der Hauptstadt der Malediven, sind wir auf einer arabischen

Dhau gelangt. Wir haben den marokkanischen Weltreisenden Ibn Battuta ein Stück begleitet, der im vierzehnten Jahrhundert von seiner Heimat Tanger bis nach Peking reiste.

Über tausend Inseln verteilen sich auf ringförmige Atolle, sie sehen aus wie Perlen an einer Perlenkette. In der Mitte der Inselgruppe befindet sich eine Lagune. »Sie liegen derart eng zusammen, dass die Kronen der Palmen von Insel zu Insel zu sehen sind«, schrieb der große Reisende in seinen Aufzeichnungen über diese Inseln. Gleich am Tag nach Ibn Battutas Ankunft auf den Malediven empfing ihn der Wesir und schenkte ihm ein Gewand und eine Mahlzeit, die aus Reis, Butterschmalz, getrocknetem Fleisch, Kokosnüssen und einem Honig bestand, der aus Früchten hergestellt worden war und auf den Malediven Zuckerwasser hieß. Dazu erhielt er 100 000 Kaurischnecken.

»Das Zahlungsmittel auf dem Archipel ist die Kaurischnecke. Das im Meer lebende Tier wird gesammelt und in Gruben an der Küste niedergelegt, wo sein Fleisch verschwindet und nur das weiße Gehäuse übrig bleibt. Hundert Kaurischnecken nennt man Siyah, 700 Fal, 12 000 Kutta und 100 000 Bostu. Vier Bostu haben den Wert eines Golddinars. Oft sinken die Kaurischnecken im Preis, so dass bisweilen 12 Bostu für einen Dinar zu haben sind. Man verkauft sie an die Bewohner von Bengalen um Reis, der wiederum dort diesen Münzwert hat, und an die Bevölkerung von Jemen, wo sie als Ballast anstelle des Sandes in den Schiffen verwendet wird. Die Kaurischnecke ist auch die kleine Münze der Schwarzen in ihrer Heimat. In Malli und Juju (Melli und Gao-Gao im Sudan) sah ich, wie 1150 Stück um einen Golddinar verkauft wurden«, so Ibn Battuta. Die Kauri spielte damals eine ähnliche Rolle wie heute der Dollar. Doch im Gegensatz zum Dollar war sie die Währung vieler unterschiedlicher Länder. Sie war weiter verbreitet als jede Münze. Von Hawaii über Asien bis nach Westafrika diente die Kauri als Zahlungsmittel. Man konnte sie dem indischen Fährmann in die Hand drücken, genauso wie dem Pfarrer in Westafrika. Dabei war sie eine Währung ohne Nationalität, gab es doch keine zentrale Stelle, die sie ausgab. Meistens war sie auch nicht das einzige Zahlungsmittel. Wie Ibn Battuta es beschreibt, diente sie als Kleingeld, konnte aber auch für größere Transaktionen auf Schnüre gefädelt oder in Säcke abgepackt werden.

Auch andere Bewohner der Inseln des Indischen Ozeans exportierten die Schneckenhäuser. Doch die Malediven waren nicht nur der Hauptproduzent, es war für die Inseln auch der größte Geschäftszweig. Dass gerade die Kauris von hier so beliebt waren, liegt an ihrer geringen Größe. Da der Wert einer Kauri nicht von ihrer Größe abhing, war es für die Händler, die sie beförderten, natürlich von Vorteil, möglichst kleine Schnecken zu transportieren.

Nicht nur war die Kauri das weltweit weitverbreitetste Zahlungsmittel. Sie hat sich auch am längsten gehalten. Die ältesten Beweise für die Verwendung von Kauris als Geld stammen aus China. Dort dienten die Schneckenhäuser schon 2000 Jahre vor unserer Zeitrechnung als Kleingeld. Als Marco Polo China im 14. Jahrhundert besuchte, waren die Kauris dort immer noch in einigen Gegenden in Gebrauch, obwohl längst Münzen existierten und um das Jahr 1000 noch dazu das Papiergeld erfunden worden war. Erst im 19. Jahrhundert schaffte China die Kauri ab.

Inzwischen hatte sich das Zahlungsmittel in anderen Gegenden etabliert. Schon zur Zeit des Ibn Battuta war sie in Westafrika beliebt. Hier verteidigte sie ihre Position bis in die fünziger Jahre des 20. Jahrhunderts. Noch 1908 legten britische Verwaltungsbeamte eine Prüfung über die Buchführung mit Kauris ab. Einmal um die halbe Welt von Afrika aus gesehen, in Neuguinea, war eine holländische Expedition in den sechziger Jahren des 20. Jahrhunderts gezwungen, eine Reise zu unterbrechen, weil erst das Kauri-Geld, das die Träger verlangten, aus Ostafrika herangeschafft werden musste.

Geld muss mehrere Funktionen erfüllen, so lehrt es uns die Volkswirtschaftslehre. Es dient als Zahlungsmittel und zur Aufbewahrung. Und dazu muss es ein Wertmaßstab sein, das nennt man die Wertmessfunktion.

All das konnte die Kauri. Sie war nicht verderblich, nicht sperrig, weder zu schwer noch zu leicht, um von einem Windstoß weggeweht zu werden. Auch hatte sie eine harte Schale und ließ sich gut schütten oder in Säcke füllen. Reisen auf Dreimastern, Kamelen und Pirogen waren für die kleinen Schneckenhäuser kein Problem. Die Kauri war als kleine Einheit ideal, konnte aber auch leicht zu größeren Mengen zusammengestellt werden. Ein guter Schneckenzähler soll es bei den Haussa um 1900 auf 250 000 bis 300 000 Schnecken am Tag gebracht haben.

Auch konnte man sie nicht leicht fälschen. Allerdings wurden in China sogar Kauri-Imitate aus Knochen, Elfenbein, Stein, Jade, Ton und Bronze bei Ausgrabungen gefunden.

Die Westafrikaner zahlten nicht nur Alltagsgegenstände in Kauris, sondern auch Zölle und Steuern. So wurden etwa

1907 in Dahomey, dem heutigen Benin, in Kauris gezahlte Steuern zu 7 Franc pro Sack zu 20 000 Kauris verrechnet.

Kein Wunder also, dass der lateinische Name, den man ihr gab, Cypraea Monetaria moneta heißt. Wenn das nicht nach Moneten klingt!

Dabei war die hübsche elfenbeinfarbige Schnecke, die sich anfühlt, als wäre sie aus Porzellan, nicht nur Zahlungsmittel. Sie schmückte auch Hals, Arme, Beine, Haar und Kleidung. Die Yoruba in Nigeria benutzten sie zum Bau eines Musikinstrumentes. An einer Kalebasse hingen Schnüre mit Kauris. Schüttelte man das Instrument, erklangen die Kauris. Die Yoruba brachten auch ihren Göttern Kauris zum Geschenk dar, und sie nutzten die Kauris als Kommunikationsmittel. Drei zusammengebundene Kauris bedeuteten etwa: »Ich will nichts mehr mit dir zu tun haben«, und vier Kauris: »Dein Angebot ist lächerlich.« Erhielt man dagegen fünf oder sechs zusammengebundene Kauris, wusste man, dass die Sache geritzt war, denn das bedeutete: »Die Sache ist klar« oder »Ich stimme zu«.

Der Wert der kleinen Schneckenhäuser änderte sich von Gegend zu Gegend. Je weiter entfernt vom Indischen Ozean, desto mehr stieg ihr Wert. Schon Ibn Battuta beschäftigte sich mit ihrem Kurs. Er beobachtete, dass 1 Mithkal am Niger gegen 1150 Kauris getauscht wurde, während man auf den Malediven dafür 400 000 Kauris bekam.

In Afrika gab es immer wieder Kauri-Inflationen. Wäre das jetzt hier bei uns der Fall, dann müssten wir einen Esel oder ein Kamel mieten, um unsere Kauri-Säcke auf den Markt zu schleppen.

In Uganda kostete eine Kuh 1810 10 Kauris. 1911 kostete

sie schon 2000 Kauris. Auch der englische Abenteurer und Forschungsreisende Richard Burton schrieb von Preissteigerungen, nachdem er in den sechziger Jahren des 19. Jahrhunderts Dahomey bereist hatte. Von ihm wissen wir, dass die Preise sich in den letzten sechs Jahren vor seinem Aufenthalt vervielfacht hatten. Ein Viertellaib Brot hätte unter dem alten König drei Kauris gekostet und würde jetzt zwölf Kauris kosten, berichtete er.

Auch als es schon längst Münzen gab, wollte Westafrika die Kauri nicht aufgeben, während die Europäer sie gerne abschaffen wollten. Nachdem sie erst einige Jahrhunderte lang Schiffsladungen von Kauris nach Westafrika gebracht hatten, um damit den Sklavenhandel zu finanzieren, bekämpften die Kolonialmächte ab Mitte des 19. Jahrhunderts die anarchische Kauri-Währung mit allen Kräften. Nun sollten feste Wechselkurse etabliert werden und alle ordentlich in Franc, Pfund, Mark oder Real zahlen. In Niger erfolgte die letzte Steuererhebung in Kauris 1910. Und in Uganda tauschte die britische Verwaltung 1896 200 Kauris gegen eine Rupie, 1901 800 Kauris gegen eine Rupie, und ab dem 31.3.1901 durften Steuern nicht mehr in Kauris entrichtet werden. Trotzdem hielt sich das Kauri-Geld noch lange auf den Märkten. Ganz weg vom Fenster ist die Kauri auch heute nicht. Cedi, wie die Währung in Ghana heißt, ist in den dort gesprochenen Akan-Sprachen das Wort für Kauri. Auf jeder Ein-Cedi-Münze prangt die Schnecke.

Auf andere Weise hat die Kauri sich in China gehalten. Einige Schriftzeichen, die mit »Wert« oder »Geld« zu tun haben, enthalten dort das Zeichen für die Kauri. Die Malediven ehren ihren einstigen Exportartikel, indem sie ihn auf jedem ihrer Geldscheine abbilden.

Kauri-Preise

Im Sudan, wie die Länder des Sahel damals hießen, galten 1850 folgende Preise:

Eine Handvoll Bohnen	1 Kauri
1 Ei	8 Kauris
1 Henne	100 Kauris
1 Schaf	1000 Kauris
1 Mariatheresien-Taler	3200 Kauris
1 Ochse	7000 Kauris

In Kamerun bekam man 1865 für

1 Pferd	65 000 Kauris
1 Elefanten-Stoßzahn	110 000 Kauris

An der Küste Neuguineas kostete 1936

1 Schwein	100 Kauris

Im indischen Bengalen zahlte man 1750 für

1 Pfund Reis	15 Kauris

Im Norden des Niger galt

1 Mitgift	1000 Kauris
1 Kuh	10 000 Kauris
1 Ziege	50 000 Kauris

Bei den Dogon in Mali konnte man dagegen so einkaufen:

1 Huhn	3 * 80 Kauris
1 Ziege oder 1 Hammel	3 * 800 Kauris
1 Ochse	120 * 800 Kauris

100 000 Kauris ausgeben

Jetzt geht es darum, einmal zu prüfen, ob Sie 100 000 Kauris im Kopf ausgeben können. Wie Ibn Battuta sind auch wir auf den Malediven mit einem Geschenk von 100 000 Kauris empfangen worden.

Nicht nur sollten Sie für unsere nächste Reisestrecke ein bisschen Proviant besorgen, sie könnten Ihre Einkäufe bei unserer nächsten Etappe in Mittelamerika vielleicht auch in die dortige Währung umtauschen. Dort dient die Kakaobohne als Zahlungsmittel, und die Kauri wird leider nicht akzeptiert.

Damit Sie eine Vorstellung haben, wogegen Sie Ihre Einkäufe dann an unserem nächsten Ziel tauschen können, kommt hier noch schnell eine Preisliste von der anderen Seite des Atlantiks:

1 große Tomate	1 Kakaobohne
1 Avocado	1 Kakaobohne
1 in Maisblätter gewickelter Fisch	3 Kakaobohnen
1 Kürbis	4 Kakaobohnen
1 Hase oder Kaninchen	100 Kakaobohnen
1 Truthahn	200 Kakaobohnen

Gehen Sie also jetzt erst mal auf den Markt und kaufen Sie ein! Im zweiten Schritt tauschen Sie Ihre Ware gegen etwas aus Mittelamerika ein. Am leichtesten machen Sie es sich, wenn Sie Hühner kaufen. Die gehen dort nämlich als Truthahn durch. Alles andere sollten Sie verhandeln! Wenn Sie keinen geeigneten Preis finden, sollten Sie ihn selbst festlegen.

Der Transport ist kein Problem. Steuern und Zölle sind nicht fällig. Sie können Ihr ganzes Kauri-Geld raushauen. Und passen Sie auf, dass man Ihnen keine gefälschten Kakaobohnen andreht, das war nämlich durchaus üblich.

Sie dürfen, während Sie einkaufen, ruhig auf die Preislisten gucken. Doch versuchen Sie einmal, sich etwas im Kopf zu merken! Natürlich können Sie einfach Ihr ganzes Geld für zwei Ziegen à 50 000 Kauris ausgeben. Wie komplex Sie einkaufen, liegt ganz bei Ihnen! Legen Sie los!

Wie sieht es aus? Haben Sie es sich leichtgemacht, oder waren Ihre Einkäufe mit Rechenaufwand verbunden? Haben Sie nur Teures erworben, um sich nicht so viel merken zu müssen? Sind Sie danach gegangen, wie einfach sich 100 000 durch einen Preis teilen lässt? Wie viele unterschiedliche Waren konnten Sie sich merken? Ab wann brauchten Sie Zettel und Stift?

Ich selbst habe mir das Leben leichtgemacht und nur Hühner gekauft, die ich als Truthahn wieder losschlagen will. Zugegebenermaßen fällt es mir nämlich leichter, mir Zahlen zu merken als Tiere.

Meine Hühner habe ich bei den Dogon in Mali gekauft. Sie sind dort ein bisschen teurer als im Sudan, wo die Henne nur 100 Kauris kostet. Der Preis von 3 * 80 Kauris pro Huhn schien mir aber gerechtfertigt, weil er aus einer kleinen Aufgabe besteht.

80 * 3 = 240 Kauris pro Huhn

Ich mache es mir einfach und kaufe nur Hühner:

100 000 : 240

Im Kopf rechne ich aus, wie viele Hühner ich für meine Kauris bekomme. Bevor ich dividiere, kürze ich auf jeder Seite eine Null und erhalte:

10 000 : 24

Ich teile beide Seiten durch 2

5000 : 12

Das kann ich noch mal durch 2 teilen

2500 : 6

Und noch mal

1250 : 3

Jetzt heißt es tatsächlich einmal durch 3 teilen, Sie sehen aber auch ziemlich schnell, dass 1200 : 3 = 400 ergibt und Sie dann nur noch die 50 aufteilen müssen.

1250 : 3 = 416 Rest 2

Der Rest von 2 entspricht 160 Kauris. Wir haben insgesamt in mehreren Schritten um den Faktor 80 gekürzt. Nämlich erst eine Null weggenommen, dann dreimal durch 2 geteilt.

10 * 2 * 2 * 2 = 80

Deshalb multiplizieren wir unseren Rest von 2 jetzt wieder mit 80. Und zwar multiplizieren wir nur den Rest mit 80, nicht aber das Ergebnis. Das Ergebnis bleibt durch die Kürzung unverändert. Nur beim Rest muss die Kürzung rückgängig gemacht werden.

Mit dem Restbetrag von 160 Kauris könnte ich noch etwas Proviant mitnehmen. Für 160 Kauris bekomme ich beispielsweise:

20 Eier à 8 Kauris oder

160 Handvoll Bohnen à 1 Kauri oder

10 Pfund Reis à 15 Kauris und 10 Handvoll Bohnen à 1 Kauri

Jetzt heißt es, im Schritt 2 die 416 Hühner im Verhältnis 1:1 in Truthähne umzutauschen, sobald wir am nächsten Ziel ankommen. Mein Plan ist es, dann alle 416 Truthähne in Kakaobohnen zu wechseln. Für einen Truthahn sollte ich 200 Kakaobohnen bekommen.

416 * 200 = 832 * 100 = 83 200 Kakaobohnen

Das könnte 832 leckere Tafeln Vollmilchschokolade ergeben, wenn 100 Bohnen für eine Tafel benötigt werden.

Eine 100-Gramm-Tafel Vollmilchschokolade besteht aus rund 30 Gramm Kakao. Das ergibt 100 Kakaobohnen zu je 0,3 Gramm.

Ob ich dafür vielleicht doch meine eigene Kuh hätte mitbringen sollen? Die hätte nämlich in Uganda auch nur 10 Kauris gekostet. Das war zwar 1810 vor der Inflation, doch vielleicht hätte ich verhandeln können?

Während ich versuche, einige meiner Hühner wieder loszuwerden und die Kuh noch zu erwerben, könnten Sie schon mal mit einer Aufgabe loslegen! Lassen Sie sich auf keinen Fall irritieren, wenn Sie etwas einmal nicht lösen können. Wenn es diesmal nicht klappt, dann vielleicht bei der nächsten Aufgabe. Und gleich geht es weiter ins Land der Kakaobohnen.

Aufgabe

Rechnen Sie den Kurs von Kauri in Kakaobohnen aus, wenn wir direkt tauschen würden. Dabei gilt, dass ein Huhn als Truthahn durchgeht. Ein Huhn kostet 240 Kauris und ein Truthahn 200 Kakaobohnen.

14° | **Copán**
| *Honduras*
|
| 14° 56′ 10″ N
| 88° 51′ 53″ W
|
| Breite: 14,936084°
| Länge: –88,864698°

Mit dem Maya-Kalender rechnen

Heiß und feucht ist es hier und sehr grün. Wir sind mitten im tropischen Regenwald gelandet, umgeben von steilen Berghängen. Vogelgezwitscher und Affenschreie tönen aus dem Wald herüber. Überall hocken bunte Papageien, und gerade kreuzt der erste Truthahn unseren Weg. Schwaden von verbranntem Copalharz, das an Weihrauch erinnert, ziehen durch die Stadt.

Wir wollen hier nicht nur Sightseeing machen, sondern an einer Veranstaltung teilnehmen. Der berühmte Maya-Kalender muss ab und zu von einem Astronomen-Kongress erneut in Einklang mit dem Stand der Sonne gebracht werden. Auch wir sind zum Kongress angemeldet.

Bevor wir uns mit dem Kalender vertraut machen, um dem Geschehen folgen zu können, trinken wir erst mal unseren mit Chili gewürzten Maya-Kakao aus. Der Kakao galt als Getränk der Götter und durfte in alten Zeiten eigentlich nur vom Adel getrunken werden.

Wir schreiben das Jahr 700 unserer Zeitrechnung. Copán ist unter dem vorherigen Herrscher zur wichtigsten Maya-Stadt des südlichen Gebiets aufgestiegen. Nun regiert seit 695 der 13. König Waxaklahan K'ax Chun, auch 18-Kaninchen genannt. Die am Nordufer des Rio Copán liegende Stadt hat etwa 25 000 Einwohner.

Alles, wirklich alles, wird bei den Maya datiert. Nicht nur die Bauwerke tragen ein Datum, auch andere wichtige Ereignisse wie Thronbesteigungen, Todesdaten oder Beerdigungsfeiern werden auf Stein-Stelen dokumentiert. Das am weitesten zurückliegende Datum der Stadt, die auch als das Athen der Maya bezeichnet wird, entspricht unserem Jahr 159, das letzte verzeichnete ist der 6.2.822. Weil die Maya nicht nur ihre Bauten datierten, sondern auch sonst gern Denkmäler aufstellten, auf denen alles Wichtige festgehalten und natürlich mit einem Datum versehen wurde, wissen wir, dass die Stadt im 8. Jahrhundert unserer Zeitrechnung ihre Blütezeit erlebte und dann ebenso wie viele andere Mayastädte verlassen und vom Dschungel überwuchert wurde.

Die Priester waren gleichzeitig Astronomen. Sie beobachteten von ihren Sternwarten aus den Himmel und erstellten Tabellen über den Verlauf der Gestirne, über Sonnen- und Mondfinsternisse und die Bewegungen der Venus. Längst wussten sie, dass das Jahr 365 Tage hat. Ihr Kalender war sogar genauer als unser heutiger gregorianischer Kalender. Denn es sind ja nicht genau 365 Tage, die die Erde braucht, um einmal um die Sonne zu wandern, sondern 365,242198 Tage. Oder 365 Tage, 5 Stunden, 48 Minuten und 45,9072 Sekunden. Deshalb brauchen wir Schaltjahre. Bei unserem gregorianischen Kalender nun dauert das Jahr 365,2425 Tage. Bei den Maya waren es 365,242 Tage. Und der damals bei uns gültige julianische Kalender rechnete mit 365,25 Tagen. Die Unterschiede hinter dem Komma wirken minimal, summieren sich aber über lange Zeiträume.

Für Aufruhr sorgte der Maya-Kalender 2012. Einige haben sich wohl gewundert, als der Weltuntergang dann doch nicht am 21. Dezember 2012 stattfand. Das hatten Esoterik-Kreise nämlich für das Maya-Datum 13.0.0.0.0 erwartet. Hier war ein Zyklus von 400 Jahren vollendet, der bei den Maya Baktun hieß. Für die Maya immer eine wichtige Angelegenheit, die groß gefeiert wurde.

Die professionellen Maya-Forscher waren dagegen nie der Ansicht, dass die Maya den Weltuntergang vorhergesagt hätten. Auch deshalb, weil die Maya ja selbst Datierungen vorgenommen hatten, die weiter in die Zukunft reichten als der 21. Dezember 2012.

Mit dem Kalender wurden alle wichtigen Ereignisse vorausberechnet. Es gab übernatürliche Wesen, die ein bestimmtes Datum negativ oder positiv beeinflussten. Da musste man genau hingucken, ob ein Tag sich eignete, um mit der Aussaat zu beginnen, die Ernte einzubringen, ein Fest zu feiern oder den Göttern zu opfern. Auch eine Hochzeit oder ein Krieg sollten besser auf einen günstigen Tag gelegt werden. Glück, Unglück, Krankheiten und Tod: Das alles hing von den Gestirnen und ihrer Konstellation und deshalb vom Datum ab.

Die Maya waren nicht nur Astronomen, sie waren auch gewiefte Mathematiker und konnten eher mit einer Null aufwarten als alle anderen. Sie nutzten ein Vigesimalsystem, das die 20 zur Basis hatte. Während unser Zehnersystem entstanden ist, weil wir zehn Finger haben und daran etwas abzählen können, setzten die Maya nicht nur ihre Finger, sondern auch ihre Zehen ein. Daher die 20.

Kalender gab es zwei. Einen für die Religion, den anderen für das bürgerliche Leben. Der Ritualkalender, auch Tzolkin genannt, hatte zwanzig Tagesnamen, die von 1 bis 13 nummeriert wurden und eine Folge von 13 * 20 = 260 Tagen ergaben. Der Sonnenkalender, Haab genannt, hatte 18 Monate zu je 20 Tagen, also 360 Tage, und fünf Tage wurden am Ende des Jahres noch drangehängt. Diese fünf Tage galten als Unglückstage, in denen man am besten gar nicht aus dem Haus ging. Die Tage wurden von 0 bis 19 gezählt.

Diese beiden Kalender waren ineinander verzahnt, und alle 18 980 Tage fiel der Beginn des Sonnenkalenders auf den gleichen Tag wie der Beginn des Ritualkalenders. Diese 52 Sonnenjahre oder 73 Tzolkin-Jahre hießen Kalenderrunde.

$$52 * 365 = 18\,980$$
$$73 * 260 = 18\,980$$

18 980 ist das kleinste gemeinsame Vielfache von 260 und 365. Doch auch Abstände, die länger als 52 Sonnenjahre waren, konnte man berechnen. Dazu diente die »lange Zählung«. Man rechnete in verschiedenen Einheiten ab der Schöpfung der Welt, die bei den Mittelamerikanern, je nachdem, welchem Forscher man folgt, am 11. oder 13. August 3114 vor unserer Zeitrechnung liegt.

Die Maya-Einheiten
1 Kin = 1 Tag
1 Uinal = 20 Kin = 20 Tage
1 Tun = 18 Uinal = 1 Jahr = 360 Tage
1 Katun = 20 Tun = 7200 Tage oder 20 Jahre
1 Baktun = 20 Katun = 144000 Tage oder 400 Jahre

Dass die Umrechnung eines Maya-Datums in unseren Kalender nicht trivial ist, lässt sich schon daran erkennen, dass selbst die Basiszahl, also das Anfangsdatum, auf das sich alle weiteren Daten beziehen, nicht unumstritten ist. Als die Spanier Mittelamerika kolonisierten und das Christentum einführten, machten sie kurzen Prozess mit allem, was sie für heidnisch hielten. Was würden die heutigen Maya-Forscher dafür geben, wenn sie einmal einen Blick in die ins Feuer geworfenen Bücher werfen oder mit einem Maya-Priester aus jener Zeit plauschen könnten! Oder so wie wir jetzt gleich sogar an einem Kongress teilnehmen dürften.

Bei unserem eigenen Kalender ging es lange drunter und drüber. Schaltjahre und die Umstellung vom julianischen auf den gregorianischen Kalender machen aus jedem in weiter Vergangenheit liegenden Datum eine wacklige Angelegenheit. Als die katholische Kirche 1582 den julianischen Kalender abschaffte, verschwanden zehn Tage, weil auf Donnerstag, den 4. Oktober, gleich Freitag, der 15. Oktober folgte. Aber nicht überall. Die meisten Länder stellten den Kalender erst später um. Die protestantischen deutschen Länder beispielsweise erst um 1700. Äthiopien sowie die orthodoxe Kirche benutzen den julianischen Kalender dagegen noch heute. Dazu kommt, dass es über die Frühzeit des schließlich christlichen Kalenders viele Unsicherheiten gibt. So soll Kaiser Augustus beispielsweise mit der Länge der Monate experimentiert haben.

Wegen dieser Unsicherheiten begebe ich mich mit dem Kalenderrechnen, wie ich es betreibe, bei dem man aus einem Datum im Kopf einen Wochentag berechnet, normalerweise nicht aus den Zeiten des gregorianischen Kalenders heraus. Denn führt man das beispielsweise im Fernsehen vor, reicht es natürlich nicht, etwas nur so ungefähr zu machen. Doch hier, so ganz unter uns, sehe ich das etwas legerer und würde gerne mit Ihnen ein bisschen experimentieren.

Eine Zahl in Maya-Einheiten umrechnen

Zuerst wollen wir gar kein Datum ausrechnen, sondern einfach eine Zahl, die aber auch eine Anzahl von Tagen sein könnte, in »Maya« übertragen. Die meisten Maya-Daten sind fünfstellig, also in Baktun, Katun, Tun, Uinal und Kin angegeben. Zur Zeit der Blüte der Maya-Städte, von 200 bis 900 unserer Zeitrechnung, brauchte man die fünfstelligen Daten, weil seit der Maya-Schöpfung schon einige Jährchen ins Land gezogen waren.

Wir denken uns eine einfache Zahl aus, die aber doch groß genug ist, um unsere Einheiten zu füllen. Weil Sie sich noch nicht so auskennen, schlage ich die 200020 vor. Das sind in Jahren mit 365 Tagen umgerechnet 548 Jahre. Das ist natürlich nicht ganz genau gerechnet, weil das Jahr etwas länger ist.

Bevor wir die 200 020 zusammen Schritt für Schritt in Maya umrechnen, versuchen Sie es doch einmal selbst! Verteilen Sie die 200 020 auf die Einheiten Baktun, Katun, Tun, Uinal und Kin! Sobald Sie das erledigt und Ihren Kakao getrunken haben, lesen Sie bitte weiter!

Wir beginnen mit der größten Einheit, den Baktun, und gehen dann alle weiteren Einheiten nacheinander durch.

Wie häufig geht die 144 000 in die 200 020? Das ist einmal der Fall. Damit gibt es ein Baktun.

Dann wird von 200 020 144 000 abgezogen. Das Ergebnis ist 56 020. Die 56 020 schaufeln wir zur nächstniedrigeren Einheit Katun.

Wie häufig geht die 7200 in die 56 020? 8-mal wäre zu viel, denn 8 * 7200 = 57 600. Die richtige Lösung lautet 7. Damit gibt es 7 Katun. Dann muss 7 * 7200 (= 50 400) von 56 020 abgezogen werden. Das Ergebnis 5620 steht bereit, um auf die nächste Einheit Tun verteilt zu werden.

Wie häufig geht die 360 in die 5620? Wir teilen nach der schriftlichen Methode.

$$5620 : 360 = 15 \text{ Rest } 220$$
$$\underline{360}$$
$$2020$$
$$\underline{1800}$$
$$220$$

Wir nehmen die 562 und erkennen, dass die 360 nur einmal reinpasst. Wir ziehen von 562 360 ab und erhalten 202. Als Nächstes stellen wir fest, dass in die 2020 die 360 fünfmal reingeht. Insgesamt haben wir herausgefunden, dass in die 5620 die 360 15-mal reinpasst.

Damit gibt es 15 Tun.
Nun ziehen wir von 5620 das 15fache von 360, also 5400, ab und erhalten 220.
Wie häufig passt die 20 in die 220? Das ist genau 11-mal der Fall. Damit haben wir 11 Uinal.
Für die kleinste Einheit Kin bleibt nur noch die 0 übrig.

200 020 wären:
1 Baktun zu 400 Jahren oder 144 000 Tagen
7 Katun zu 20 Jahren oder 7 * 7200 Tagen = 50 400 Tagen
15 Tun zu 1 Jahr à 360 Tage = 5400 Tagen und
11 Uinal à 20 Tage = 220 Tagen und
0 Kin

Das Maya-Datum lautet also 1.7.15.11.0. Die Zahlen werden in Häppchen geschrieben. Vorne stehen die größten Einheiten in Baktun, dann kommen die nächstgrößeren bis zur kleinsten Einheit Kin.

Umrechnen mit der Restemethode

Der Weg, den wir gerade gegangen sind, ist die allseits gängige Methode. Es besteht jedoch auch die Möglichkeit, sich einen Trampelpfad durch den Dschungel zu bahnen, der aus meiner Sicht kopfrechentechnisch einfacher ist. Allerdings muss man ihn erst mal unter einigem Gestrüpp entdecken. Bei dieser Methode nutze ich die günstigen Teilbarkeitseigenschaften der Zahl 20.

Dieses Mal fangen wir von hinten an, also mit der kleinsten Einheit. Die Anzahl der Kin finden wir, indem wir den 20-Rest der Ausgangszahl 200 020 berechnen. Denn wenn 20 Kin 1 Uinal sind, müsste es einen Rest geben, damit überhaupt ein oder mehr Kin übrig sind. Hierfür genügt ein Blick auf die beiden letzten Stellen, weil 100 ein Vielfaches von 20 ist (100 = 5 * 20). Die letzten beiden Stellen lauten 20. Damit ist auf einen Blick klar, dass der 20-Rest von 20 0 ist (20 : 20 = 1 Rest 0). Deshalb haben wir 0 Kin.

Kommen wir jetzt zur nächsthöheren Stufe Uinal. Wir teilen 200 020 durch 20, um herauszufinden, wie viele 20-Tages-Einheiten es gibt. Dafür streichen wir eine Null und halbieren den Rest der Zahl. Wir erhalten 10 001.

Als Nächstes berechnen wir den 18-Rest dieser Zahl, weil 18 Uinal einen Tun ergeben. Hier empfehle ich, immer wieder 90 oder Vielfache davon (90 = 5 * 18) abzuziehen, bis der Rest kleiner als 90 ist. Dann lässt sich der 18-Rest leicht finden.

Falls Sie sich fragen: Warum teilt der nicht einfach 10 001 : 18? Das mache ich deshalb nicht, weil ich weiß, dass es eine krumme Zahl ergibt, mit der man im Kopf nicht gut rechnen kann. Der Vorteil der 90 ist, dass sie nur eine Stelle hat, die ungleich null ist, während die 18 zwei Stellen hat, die ungleich null sind.

    10 001 − 9000 − 900 − 90 = 11 oder einfacher
    10 001 − 9990 = 11

Mit 11 haben wir direkt den 18-Rest gefunden. Deshalb haben wir 11 Uinal.

Wir teilen 9990 durch 18, indem wir zunächst durch 9 teilen (= 1110) und anschließend das Ergebnis halbieren (= 555). Wir kommen zur nächsthöheren Einheit Tun. 20 Tun ergeben einen Katun. Die Vorgehensweise ist wie bei den Kin – nur dass wir jetzt mit der Zahl 555 arbeiten. Die letzten beiden Stellen lauten 55. Die Hunderterstelle schaue ich gar nicht an, weil ich weiß, dass die 100 sowieso ein Vielfaches von 20 ist.

Der 20-Rest von 55 ist 15, denn 55 : 20 = 2 Rest 15. Somit haben wir 15 Tun. Diese 15 ziehen wir von 555 ab und erhalten 540. Dann teilen wir 540 durch 20, indem wir eine Null streichen und den Rest der Zahl halbieren. Wir erhalten 27.

Wir kommen zur nächsthöheren Einheit Katun. 20 Katun ergeben ein Baktun. Wir arbeiten jetzt mit der Zahl 27. Die letzten beiden Stellen lauten also 27. Der 20-Rest von 27 ist 7, denn 27 : 20 = 1 Rest 7. Somit haben wir 7 Katun. Diese 7 ziehen wir von 27 ab und erhalten 20. Dann teilen wir 20 durch 20, denn 20 Katun ergeben ein Baktun. Wie immer streichen wir eine Null und halbieren den Rest der Zahl. Die 1, die wir erhalten, ergibt ein Baktun, unsere ranghöchste Einheit.

Verkürzt passiert im Kopf Folgendes:

200 020 → 20 → 0 Kin

200 020 → 20 002 → 10 001
10 001 → 1001 → 101 → 11 → 11 Uinal

10 001 − 11 = 9990 → 1110 → 555
555 → 55 → 15 → 15 Tun

555 − 15 = 540 → 54 → 27
27 → 27 → 7 → 7 Katun

27 − 7 = 20 → 2 → 1
1 → 1 Baktun

Maya-Kalenderrechnen mit 365 Tagen

Lassen Sie uns mit einem wichtigen Datum der Maya weitermachen und versuchen herauszufinden, in welchem Jahr wir landen, wenn wir es in unsere Zeitrechnung übertragen. Am 9.0.0.0.0 begann ein neues Baktun. Das wurde in Copán mit einem großen Fest begangen. Das wissen wir, weil natürlich eine Stele aufgestellt wurde, auf der der damalige Herrscher und Gründer der Dynastie von Copán, Yak K'uk Mo, mit seinem Sohn und Nachfolger Popol Jol abgebildet ist.

Zum Ausrechnen haben wir folgende Daten zur Verfügung: erstens den 11. oder 13. August 3114 vor unserer Zeitrechnung, ab dem datiert wird.

Zweitens die 9 * 400 Jahre, die seitdem vergangen sind. Da ein Tun zwar als ein Jahr gerechnet wird, aber nur die 360 offiziellen Tage, nicht aber die 5 Unglückstage mitgerechnet werden, rechnen wir nicht mit Jahren, sondern mit Tagen, also

9 * 144 000 Tage = 1 296 000 Tage

Diese teilen wir mit der schriftlichen Methode durch ein Jahr von 365 Tagen.

```
1 296 000 : 365 = 3550 Jahre und 250 Tage
1095
─────
 2010
 1825
 ────
  1850
  1825
  ────
   250
     0
   ───
   250
```

Um festzustellen, wie oft die 365 in die 1 296 000 geht, halten wir zunächst fest, dass das Ergebnis zwischen 1000 und 10 000 liegen muss, denn 365 * 1000 = 365 000 und 365 * 10 000 = 3 650 000.

Wir schauen auf die Zahl 1 296 000 und ermitteln, dass im Anfang der Zahl 1 296 000, also der 1296, die 365 3-mal enthalten ist.

Wir ziehen von 1296 3 * 365 = 1095 ab und erhalten 201. Wir notieren die 3 als erste Ergebnisstelle.

Jetzt ziehen wir die Null hinter der 1296 runter und fragen erneut, wie oft die 365 in die 2010 passt. Das ist 5-mal der Fall. Jetzt muss das Fünffache von 365, das ist 1825, von 2010 abgezogen werden. Das Ergebnis ist 185. Wir notieren die 5 als zweite Ergebnisstelle.

Wieder ziehen wir eine Null runter. Und zwar die Null hinter der 12 960. Wir prüfen, wie oft die 365 in die 1850 passt.

Das ist 5-mal der Fall, und damit haben wir die dritte Ergebnisstelle. Jetzt muss das Fünffache von 365, das ist 1825, von 1850 abgezogen werden. Das Ergebnis ist 25.

Wir ziehen unsere letzte Null runter und fragen erneut, wie oft die 365 in die 250 passt. Das ist 0-mal der Fall, und die 0 ist unsere vierte Ergebnisstelle. Jetzt muss das Nullfache von 365, das ist 0, von 250 abgezogen werden. Das Ergebnis ist 250.

Bis jetzt haben wir das Ergebnis 3550 erhalten. Das bedeutet, dass es innerhalb von 1 296 000 Tagen 3550 365-Tage-Jahre gibt. 250 Tage bleiben übrig.

Zum Jahr 3114 vor Christus (− 3114) addieren wir 3550 Jahre und landen im Jahr 436. Um uns die Rechnung zu erleichtern, stellen wir die größere Zahl nach vorne.

$$3550 - 3114 = 436$$

Aber Achtung! Da es das Jahr 0 nicht gegeben hat, müssen wir das Ergebnis um 1 erhöhen. Wir bekommen 437. Zum Schluss addieren wir noch 250 Tage vom 11. August aus. Das Ergebnis lautet: 18. April des Jahres 438.

Der Grund, weshalb ich mit 365 Tagen gerechnet habe, ist natürlich, dass es sich mit 365 angenehmer rechnen lässt als mit den 365,242 Tagen des Maya-Jahres. Hätten wir jedoch an dieser Stelle nicht gekniffen, sondern 1 296 000 Tage durch 365,242 geteilt, hätten wir 3548 Jahre und rund 121 Tage erhalten.

Vom Jahr 3114 vor Christus (− 3114) ausgehend, müssen wir 3548 Jahre addieren und kommen mittels 3548 − 3114 auf 434. Wegen des fehlenden Jahres 0 erhöhen wir das Ergebnis um 1 und erhalten 435. 121 Tage, vom 11. August beginnend, addieren wir hinzu. Heraus kommt der 10. Dezember des Jahres 435.

Das Jahr stimmt mit dem überein, was die Maya-Forscher ausgerechnet haben. Ein genaues Datum, mit dem wir unser Datum abgleichen könnten, habe ich nicht gefunden. Bei einem so langen Abstand sollte uns das Jahr genügen.

Die Maya-Priester werden das etwas anders sehen. Da ist man ja extrem pingelig mit dem genauen Datum. Wir sollten gleich beim Kongress nachfragen.

Bei einer Zahl wie 365,242, aber auch schon bei 365, würde ich übrigens nicht empfehlen, die auf den letzten Seiten vorgestellte Restemethode einzusetzen, weil man Vielfache von 365 nicht so leicht erkennt wie Vielfache von 20.

Den Weltuntergang
berechnen mit einem 365,242-Tage-Jahr

Mit dem Termin für den Weltuntergang ist etwas so richtig schiefgelaufen. Er fand einfach nicht statt wie angekündigt. Machen wir uns also daran, zu überprüfen, woran das gelegen haben könnte. Das entscheidende Maya-Datum, um das es geht, ist der 13.0.0.0.0.

Zunächst rechnen wir die Anzahl der Tage aus, die seit der Weltentstehung vergangen sind.

$$13 * 144\,000$$

oder

13 * 144 * 1000 = 1 872 000

13 * 144 rechnen wir aus, indem wir die 13 wie eine einstellige Zahl behandeln und stellenweise multiplizieren. Wir rechnen 13 * 4 und erhalten 52 und notieren die 2. Der Übertrag 5 wird zu 13 * 4 addiert: 5 + 4 * 13 = 57. Wir notieren die 7 und haben erneut einen Übertrag von 5. Jetzt rechnen wir 5 + 1 * 13 und haben 18. Wir haben die Lösung 1872 gefunden. Schnell noch drei Nullen anhängen!

Jetzt teilen wir 1 872 000 durch 365,242.

Hier wird es etwas knifflig. Zwei so große Zahlen teilen Sie nicht mal eben im Kopf. Deshalb werde ich an dieser Stelle den Rechengang nicht ausführlich erläutern. Er würde mehrere Seiten im Buch beanspruchen und uns vom Wesentlichen ablenken. Es geht hier ja nicht vorrangig ums Dividieren, sondern eben um das Umrechnen von Kalenderdaten. Das Ergebnis ist 5125 Jahre und $134\frac{3}{4}$ Tage oder rund 135 Tage.

– 3114 + 5125 = 2011

oder einfacher

5125 – 3114 = 2011

Weil es das Jahr 0 nicht gab, müssen wir ein Jahr addieren. Das Ergebnis ist dann 2012. Und Bingo! Zumindest landen wir im selben Jahr wie die Weltuntergangsexperten.

Jetzt heißt es noch vom 11. August aus 135 Tage addieren. Wir erhalten den 24. Dezember. Es könnte bei 134 Tagen auch der 23. Dezember 2012 gewesen sein.

Pah! Und schon geht es los! Hier sind wir nicht ganz

d'accord mit den Weltuntergangspropheten. Aber bei diesen Leuten muss man sich über nichts wundern. Möglicherweise hat die ganze Chose mit dem Weltuntergang nur deshalb nicht geklappt, weil alles für den 21. vorbereitet wurde, dabei hätte es der 23. oder 24. sein müssen? Einige Experten hatten ja wohl auch den 23. Dezember vorausgesagt, hätte man vielleicht lieber auf die hören sollen?

Ich zähle darauf, dass es uns gleich beim Kongress gelingt, einen der Kalenderexperten beiseitezunehmen und zu befragen, wann der Weltuntergang geplant ist. Fühlen Sie sich schon einigermaßen fit für den Kongress?

Als Faustformel sollten Sie sich noch merken, dass Sie beim Maya-Kalenderumrechnen mit 365 Tagen statt mit korrekten 365,242 immer ein paar Jahre zu viel bekommen. Die 365 ist als Teiler kleiner als die 365,242, und entsprechend ist das Ergebnis etwas zu groß. Auch das Kleinvieh hinter dem Komma macht Mist über einen so langen Zeitraum. Doch ob sich etwas zwei oder drei Jahre früher oder später ereignet, ist vielleicht gar nicht der Punkt, wenn man in Zeiträumen seit der Schöpfung der Welt denkt. Die datumsversessenen Maya-Priester werden auch hier anderer Meinung sein.

Wer von Ihnen sich etwas auf den Kongress vorbereiten will, rechnet noch die nächste Aufgabe. Und versuchen Sie noch vor der Veranstaltung Ihre Hühner gegen Truthähne einzutauschen!

Wer sich noch intensiver mit dem Kalenderrechnen beschäftigen möchte, sollte mal in mein Buch »Rechnen mit dem Weltmeister« schauen. Dort finden Sie für den Zeitraum ab dem 15. Oktober 1582 einen Wochentag-Algorithmus, mit dem Sie im Kopf zu einem beliebigen Datum den Wochentag berechnen können.

 **Aufgabe**

Das letzte Datum auf der Hieroglyphentreppe von Copán lautet: 9.16.1.16.0. In welchem Jahr unserer Zeitrechnung kommen Sie an, wenn Sie ausgehend von der Weltentstehung nach Auffassung der Maya im Jahr 3114 rechnen?

31° | **Alexandria**
Ägypten

31° 12' 0" N
29° 55' 7" O

Breite: 31,200092°
Länge: 29,918739°

Mit dem Längengrad die eigene Position bestimmen

Die zweite entscheidende Linie in unserem geographischen Koordinatensystem, den Nullmeridian, überqueren Sie jedes Mal, wenn Sie zwischen den Jahren zum Sonnetanken nach Teneriffa fliegen oder beim Urlaub in Portugal oder der Bretagne. Doch der Nullmeridian ist etwas unscheinbar, und meistens fällt er uns gar nicht weiter auf. Dabei verläuft er mitten durch Westeuropa.

Sein Vorname Null besagt, dass bei ihm die Zählung der Längengrade beginnt. Sein Nachname Meridian bedeutet Mittagslinie. Man erhält sie, indem man an jedem Tag eines Jahres, wenn die Sonne am höchsten steht, den Endpunkt des von einem Stab geworfenen Schattens markiert. Weil die Sonne, je nach Jahreszeit, mal höher, mal tiefer steht, erhält man eine Linie.

Im Gegensatz zum Äquator, der genau die Mitte zwischen

Nord- und Südpol darstellt, ist der Nullmeridian keine objektive, von der Natur vorgegebene Linie. Und vermutlich gestehen wir ihm deshalb nicht so viel Charakter zu wie dem Äquator. Der Äquator dreht seit dem Beginn der Welt seine Runden, während der Nullmeridian unzählige Male umgezogen ist.

Wir besuchen ihn deshalb auch nicht in seiner momentanen Heimat im englischen Greenwich, sondern reisen zu einem seiner ehemaligen Wohnorte.

Alexandria, heute mit 4,3 Millionen Einwohnern die größte Stadt am Mittelmeer, wurde 332 vor unserer Zeitrechnung von Alexander dem Großen gegründet. Kleopatra regierte 300 Jahre später. Unser Besuch fällt in eine Zeit zwischen diesen beiden Herrschern. Unter der Herrschaft der Ptolemäer-Dynastie hatte die Stadt längst Athen den Rang abgelaufen und sich zur unangefochtenen Hochburg der Wissenschaften in der antiken Welt aufgeschwungen.

Um 245 vor unserer Zeitrechnung erhielt der Astronom, Mathematiker und Poet Eratosthenes von Kyrene den wichtigsten Posten des Reiches: Er wurde Bibliothekar der legendären Bibliothek.

Eratosthenes errechnete als Erster den Umfang der Erde fast korrekt. Dafür legte er einen Meridian von Alexandria den Nil aufwärts nach Süden bis Syene, dem heutigen Assuan. Er hatte nämlich erfahren, dass im 800 Kilometer südlich gelegenen Syene beim Höchststand der Sonne zur Sommersonnenwende keine Schatten mehr in einen Brunnen fielen. Da dies in Alexandria anders war, kam er auf die Idee, sowohl in Alexandria wie auch in Syene die Höhe der Sonne zur Mittagsstunde am selben Tag messen zu lassen. Bei der Messung kam heraus, dass die Winkeldifferenz 7 Grad und 12 Minuten betrug, was ein Fünfzigstel eines Kreises von 360 Grad ausmacht.

Die Entfernung von Alexandria nach Syene betrug nach dem damaligen Maß 5000 Stadien. Nun schloss Eratosthenes, aufgrund des an den beiden Orten unterschiedlichen Sonnenstandes und der sich daraus ergebenden Winkeldifferenz, dass diese 5000 Stadien oder 800 Kilometer auch ein Fünfzigstel des Erdumfangs ausmachen mussten und der Erdumfang also etwa 40000 Kilometer beträgt.

Das ist fast korrekt, war aber so viel größer, als man sich damals vorstellen konnte, dass ihm niemand glaubte. Selbst über 1500 Jahre später zu Kolumbus' Zeiten konnte man sich eine so große Erde nicht vorstellen, weshalb der genuesische Seefahrer meinte, in Indien gelandet zu sein, als er auf Amerika stieß.

Etwa vierhundert Jahre später rückte der Geograph, Astronom und Mathematiker Claudius Ptolemäus, der von 127 bis 150 in Alexandria arbeitete, den Nullmeridian auf die westlichste Kanareninsel El Hierro. Nicht mehr im Zentrum lag er nun, sondern am Ende der bekannten Welt. Dort, im Nichts, wo die Sonne im Meer versank und auf alten Seekarten die Ungeheuer ihre schuppigen Hälse aus dem Wasser streckten, musste logischerweise die Null liegen.

Dass sich dort weder Anfang noch Ende der Welt befanden, erkannten die Europäer erst durch die Reisen von Kolumbus. Gleich ging der Zank über die Lage des Nullmeridians los. Die Portugiesen zeichneten ihre Seekarten mit Meridianen, die über Madeira, die Azoren oder die Kapverden liefen, also allen Inseln, die weiter westlich lagen als El Hierro und sich zudem im Besitz von Portugal befanden. Der niederländische Meridian wurde nach Amsterdam gelegt, der dänische durch Kopenhagen, die italienischen durch Rom und Pisa, der deutsche durch Ulm, der russische durch Pulkovo bei Sankt Petersburg, der amerikanische durch Washington. Jedes Land sah sich gerne als Nabel der Welt und brachte seinen eigenen Nullmeridian an den Start. Nebenbei ließ sich gutes Geld mit den auf den eigenen Meridian ausgerichteten Karten verdienen.

Die Franzosen behielten zwar El Hierro bei, ließen aber zusätzlich einen eigenen Meridian durch Paris laufen. Zwischen London und Paris spielte sich im 19. Jahrhundert dann auch der Kampf um den Nullpunkt ab. Das Zeitalter der Eisenbahnen, Dampfschiffe und Telegraphenverbindungen benötigte Standards, an die sich alle hielten. Wie sollten sich sonst die Kapitäne zweier aus unterschiedlichen Ländern stammender Schiffe miteinander verständigen, wenn der eine ab Ulm, der andere ab Paris rechnete und beide mit unterschiedlichen Karten herumhantierten? Die definitive Festlegung des Nullmeridians erfolgte im Oktober 1884 auf der von den USA einberufenen internationalen Meridian-Konferenz in Washington. Dieselbe Konferenz, auf der auch die Datumsgrenze und unser Zeitsystem festgelegt wurden.

Wo beginnt also die Welt auf einer runden Kugel? In einem Londoner Vorort oder in Paris? Greenwich erhielt damals den Zuschlag. Die Engländer warfen in die Waagschale, dass 72 Prozent aller Schiffe auf See schon mit auf den Greenwich-Meridian ausgerichteten Karten segelten. Und dass die übrigen 28 Prozent sich an zehn verschiedenen Meridianen orientierten. Hinter England standen die Amerikaner, die seit kurzem ihre eigene Eisenbahnzeit am Observatorium von Greenwich ausgerichtet hatten. Never change a running system, sagte man sich in Washington.

Doch bevor man den Nullmeridian auf Greenwich festlegte, musste noch ein ganz anderes Problem gelöst werden. Wichtig war die Bestimmung des Längen- und des Breitengrades vor allem in der Seefahrt. Denn woher weiß man, wo man gerade ist, wenn um einen herum nur Wasser ist? Heute zwinkert uns ein netter Satellit vom Himmel zu, doch in alten Zeiten war da nichts außer dem Mond, der Sonne und den Sternen.

Den Breitengrad hatte man gut im Griff. Um zu erfahren, wie weit nördlich oder südlich man sich befand, musste ein Kapitän nur in den Himmel schauen. Auf der nördlichen Halbkugel konnte er die Position des Schiffs beispielsweise durch den Abstand zwischen Polarstern und Horizont bestimmen. Doch weil sich die Erde um ihre eigene Achse dreht, sich also ständig bewegt, ist es viel schwieriger, den Längengrad zu bestimmen. In der Praxis wurde lange Zeit ein Log, ein bleibeschwerter Holzscheit an einer langen Leine, über Bord geworfen. Gleichzeitig maß man die Zeit. Man konnte dann sehen, wie viele Meter Fahrt das Schiff in einer bestimmten Zeit schaffte, daraus seine Geschwindigkeit und daraus wieder den Ort, an dem man sich befand, bestimmen. Klingt nicht sehr genau, oder?

Über Jahrhunderte dokterten die europäischen Seefahrernationen am Längengrad-Problem herum. Selbst Genies wie Galileo Galilei und Isaac Newton mischten mit. Jedes Land, das etwas auf sich hielt, baute eine Sternwarte, um den Himmel zu beobachten. Alle waren sich sicher, dass die Astronomen irgendwann mit einer Lösung aufwarten würden.

Doch alle Ideen hatten einen Haken. Manche Methoden funktionierten tagsüber nicht, andere nicht in bewölkten Nächten. Natürlich war auch das Messen selbst auf einem schaukeligen Schiff, bei Windstärken, die einem den Jakobsstab aus der Hand pusteten, nicht gerade einfach. Galilei reichte sein Verfahren, das auf den Jupitermonden basierte, sogar beim spanischen König ein, der dem Entdecker der Lösung des Längengrad-Problems 1598 eine Leibrente versprochen hatte. Galileis Vorschlag wurde damals als zu kompliziert abgelehnt.

Die Lösung des Problems kam schließlich aus einer ganz anderen Ecke. Man wusste nämlich schon, dass sich die Erde innerhalb von 24 Stunden um 360 Grad bewegt. Und damit sind wir wieder bei den vier Minuten Zeitunterschied zwischen zwei Längengraden angekommen, die wir von unserem Besuch bei der Datumsgrenze schon kennen.

360° in 24 Stunden = 15° pro Stunde oder 15° in 60 Minuten.

60 Minuten : 15° = 4 Minuten pro Grad.

Die Uhrzeit des Ortes, an dem man sich befand, ließ sich anhand des Sonnenstandes bestimmen. Auf den holländischen Kartographen Gemma Frisius geht das Verfahren zurück, den Längengrad aus der Differenz zweier Uhren zu ermitteln. Dabei hatte er sich Folgendes gedacht: Wenn vier Minuten Unterschied zwischen der Ortszeit und der Uhrzeit eines bestimmten fixen Punktes einen Längengrad ausmachen, dann muss man nur eine Uhr mitnehmen, die

die Uhrzeit des Heimathafens anzeigt, um zu wissen, auf welchem Längengrad sich das Schiff befindet. Guckt ein Kapitän also durch seinen Sextanten und stellt fest, dass es bei ihm zwölf Uhr mittags ist, und weiß gleichzeitig, dass es in seinem Heimathafen, nehmen wir Lissabon, das am 9. Längengrad liegt, ein Uhr mittags ist, kann er daraus schlussfolgern, dass er sich fünfzehn Längengrade westlich von Lissabon, also am 24. Längengrad, befindet und sein Ausguck demnächst »Land in Sicht« brüllen und ihm die Ankunft auf den Azoren vermelden müsste.

So einfach war es in der Theorie. Das große Problem war aber, dass die Pendeluhren – wir befinden uns jetzt im 18. Jahrhundert – noch nicht stabil genug waren. Sie wurden wie Menschen seekrank, vertrugen weder Wellen noch Seeluft. Schwankungen von Temperatur oder Luftfeuchtigkeit konnten sie genauso wenig ab wie die unterschiedliche Gravitation an verschiedenen Breitengraden. Sie gingen dann vor oder nach, und man konnte sich nicht auf sie verlassen.

Nachdem am 22. Oktober 1707 vier Schiffe der englischen Flotte durch eine falsche Positionsbestimmung an den Scilly-Inseln zerschellt waren und fast zweitausend Mann Besatzung starben, setzte das englische Parlament eine Belohnung von 20 000 Pfund aus für denjenigen, der das Längengradproblem lösen würde. Für die damalige Zeit eine gewaltige Summe, um die sich direkt einige kluge Geister balgten.

Schließlich lösten nicht die wissenschaftlichen Koryphäen das Problem, sondern ein Uhrmacher aus der englischen Provinz. Über zwanzig Jahre hatte der gelernte Tischler John Harrison an seiner Uhr herumgetüftelt. Erst seine vierte Version, die H4, wie er sie nannte, schien ihm gut genug, um den von der Längengrad-Kommission vorgeschriebenen Testlauf nach Jamaika anzutreten. Die Uhr bestand die Prüfung mit Bravour. Nur fünf Sekunden ging sie auf einer Seereise von 81 Tagen nach. Damals glich das einer Sensation. Die Kapitäne standen Schlange für einen solchen Schiffschronometer.

Einer der Ersten, die ihn auf ihre Weltreise in die Südsee mitnahmen, war Kapitän James Cook. Gleich vier Harrison-4-Chronometer kamen mit an Bord der »Resolution« und der sie begleitenden »Adventure«, als er 1772 von Plymouth aus zum zweiten Mal gen Süden segelte.

Aufgabe

Heute sind Sie mit Captain Cook auf dem Weg in die Südsee. Die »Resolution« und die »Adventure« haben am 13. Juli 1772 in Plymouth die Anker gelichtet und Kurs auf Madeira genommen, wo man Wein an Bord nehmen will. Die Schiffschronometer von John Harrison sind auf das Observatorium von Greenwich eingestellt. Fünfzehn Tage später, um sechs Uhr morgens Ortszeit, taucht eine Insel vor Ihnen auf. Die H4 zeigt Ihnen, dass es in London schon 7 Uhr, 5 Minuten und 24 Sekunden ist. Ihr Breitengrad ist 32 Grad und 39 Minuten Nord. Wo sind Sie?

32° | **Babylon**
Irak

32° 28′ 5″ N
44° 33′ 1″ O

Breite: 32,468191°
Länge: 44,550194°

Warum die Stunde 60 Minuten hat

So, geschafft! Jetzt heißt es erst mal tief durchatmen. Ganze 91 Meter hoch ist der Turm zu Babel, auf dem wir stehen. Die siebenstufige Zikkurat, wie man die Tempel des Zweistromlandes nennt, ist genauso hoch wie die Frauenkirche in Dresden und etwa zehn Meter niedriger als der Campanile auf dem Markusplatz. Für unseren Aufstieg werden wir mit einem sensationellen Blick über das alte Zweistromland belohnt. In der Ferne erblicken wir Dattelgärten, von Kanälen durchzogene Getreidefelder, Schilfsümpfe und Schafherden.

Uns zu Füßen liegt die größte Stadt der damaligen Welt. Im Norden führt die Prozessionsstraße zum Ischtar-Tor, das Sie heute im Pergamonmuseum besichtigen können. Gleich neben dem Tor, zum Euphrat hin, liegen die Paläste, und dort sehen Sie auch die hängenden Gärten, die König Nebukadnezar einst für seine Frau Amyitis bauen ließ und die zu den sieben Weltwundern der Antike zählten.

Der Weitblick, den wir von hier oben haben, ist genau das Richtige, wenn wir die Stunde erforschen wollen. Wie aus einem Sandsturm taucht sie aus der Geschichte des Landes zwischen Euphrat und Tigris auf und gelangt von hier zu uns nach Europa. Wir Menschen haben die Stunde erfunden, sie ist nicht von der Natur vorgegeben, wie etwa der Tag oder das Jahr. Und dass es von ihr 24 pro Tag gibt, mit jeweils 60 Minuten und 60 Sekunden, daran haben die babylonischen Priester-Astrologen einen gehörigen Anteil. Sie waren versessene Astronomen und bauten das Sternegucken zu einer Wissenschaft aus. Sie ritzten die Beobachtungen des Himmels, die sie genau von hier, dem Dach unseres Turms, machten, in kleine Tontäfelchen und verwahrten sie in den ersten Bibliotheken der Welt.

Die babylonischen Astronomen leiteten aus dem, was sie am Himmel sahen, Regelmäßigkeiten ab und führten genau Buch über Sonnenaufgänge und Sonnenuntergänge, Mondfinsternisse und den Stand der Sterne. Ihr Zahlensystem, das auf der 60 basierende Sexagesimalsystem, gab es schon um 3000 vor unserer Zeitrechnung, als noch die Sumerer über das Zweistromland herrschten.

Es gibt mehrere Erklärungen dafür, warum sie die 60 als Ausgangszahl wählten. Die beiden geläufigsten sind einmal, dass es viele kleinere Zahlen gibt, die 60 ohne Rest teilen. Nämlich 2, 3, 4, 5 und 6. Aber auch 10, 12, 15, 20 und 30. Keine andere kleinere Zahl hat so viele Teiler. Die andere Theorie leitet die 60 aus den etwa 360 Tagen eines Jahres ab. Die wurden zu den 360 Grad eines Kreises, und wenn man den Kreis in sechs Teile zerschnitt, dann bekam man 60.

Wie bei all diesen alten Dingen ist es auch hier so, dass

wir die Wahrheit nicht genau kennen. Vielleicht werden Archäologen irgendwann auf weitere Tontäfelchen stoßen, auf denen zwei babylonische oder sumerische Astromomen sich über ihre Beobachtungen austauschen und darüber diskutieren, warum sie die 60 als Ausgangspunkt ihres Zahlensystems wählten. Wahrscheinlicher ist jedoch, dass die 60 für sie alle so selbstverständlich und nicht erklärungsbedürftig war wie für uns heute die 10 oder die 100, ist die 60 doch so was wie die babylonische 10.

Schon im zweiten Jahrtausend vor unserer Zeitrechnung teilte man hier den Tag in zwölf gleich lange Stunden. Die babylonischen Stunden waren also doppelt so lang wie unsere heutige Stunde. Zwölf waren es vermutlich, weil es auch zwölf Tierkreiszeichen und zwölf Monate gab.

Die Betonung liegt auf dem Begriff »gleich lang«, denn das war keineswegs selbstverständlich, obwohl wir uns heute gar nichts anderes mehr vorstellen können als gleich lange Stunden.

Schauen wir über den Euphrat hinweg nach Westen in Richtung Afrika. Die Ägypter teilten den Tag und die Nacht jeweils in zwölf Stunden ein. Je nach Jahreszeit ist eine Stunde dann unterschiedlich lang, weil die Länge von Tag oder Nacht von den Jahreszeiten abhängt. Diese ungleichen Stunden der Ägypter fanden über die Griechen und die Römer den Weg zu uns nach Europa. Man nennt sie Temporalstunden, während unsere heutigen gleich langen Stunden Äquinoktialstunden heißen.

Im Süden wirken sich die ungleich langen Stunden weniger dramatisch aus, denn je näher man dem Äquator kommt, desto gleicher wird die Tageslänge. Bei uns im Norden jedoch liegen etwa acht Stunden zwischen dem hellsten Tag im Juni und dem dunkelsten Tag im Dezember. Ob ich acht helle Stunden auf meine zwölf Temporalstunden verteile oder sechzehn, macht einen großen Unterschied. Um Weihnachten herum wäre eine Stunde während des Tages dann nur etwa vierzig Minuten lang, im Sommer dagegen achtzig Minuten. Was man unter einer Stunde verstand, hing also von der Jahreszeit ab.

Im Altertum nahm man es in Europa mit den Uhrzeiten nicht so genau. Statt zu einer bestimmten Uhrzeit verabredete sich der Bewohner der alten Welt zum Tagesanbruch oder am frühen Vormittag. Man zerlegte die Phase von Sonnenaufgang bis Sonnenuntergang in Abschnitte, das Gleiche machte man mit der Phase von Sonnenuntergang bis Sonnenaufgang.

Schon der griechische Gelehrte Claudius Ptolemäus teilte im zweiten Jahrhundert die auf einer Sonnenuhr ablesbaren Stunden in kleine Einheiten, nämlich die Sechzigstel der Babylonier. Diese winzigen Schattenstriche hießen »lepton« (das fein Geteilte). Er teilte diese Sechzigstel noch einmal und nannte das Ergebnis »deuterolepton« (das zweifach Geteilte). Ins Lateinische übersetzt, wurden die Wörter zu »pars minuta prima« und »pars minuta secunda«. Die verkürzte Form sind unsere Begriffe Minute und Sekunde.

Die Römer splitteten den Tag in vier Teile und die Nacht in vier Wachen. Diese Vierteilung wurde von den Christen übernommen. Sie spiegelt sich in den Horen oder kanonischen Stunden der Kirche wider. Die Prim ist die erste Stunde des Tages, ab Tagesanbruch gerechnet, die Terz die dritte, die Sext die sechste, also genau Mittag, und die Non die neunte. Man fügte noch die Matutin hinzu, die laut Benediktinerregel um zwei Uhr nachts gebetet wird, die Vesper bei Sonnenuntergang und die Komplet zum Abschluss des Tages.

Nach diesen sieben Gebetszeiten spielte sich auch außerhalb der Klostermauern das gesamte mittelalterliche Leben ab. Die Mehrheit der Menschen lebte auf dem Land, wo sowieso der größte Teil der Arbeit während der hellen Tage anfiel und man in der dunklen Zeit früh schlafen ging. Eine Uhr besaß fast keiner.

Doch alles änderte sich mit einer neuen Technik. Im 14. Jahrhundert wurde die mechanische Uhr erfunden. Der Erfinder ist leider unbekannt. Räderuhren lösten die Sonnenuhren an den Kathedralen, Uhrtürmen oder Rathäusern ab. Sie hatten zunächst nur einen Stundenzeiger und gingen noch nicht sehr genau. Das spielte aber auch keine Rolle, weil man in viel größeren Zeiträumen dachte. Von unserer modernen Hektik war man noch weit entfernt.

Immer mehr Menschen zog es in die Städte. Dort sprangen sie aber nicht mehr beim ersten Hahnenschrei aus den Federn und legten sich auch nicht mehr mit den Hühnern schlafen. Die alte Regel, dass man eben schläft, wenn es dunkel ist, und jeder Sonnenstrahl ausgenutzt werden muss, galt nicht mehr.

Auch brauchte man jetzt eine neue Einheit, um die Arbeitszeit zu messen. Auf dem Land hatte man sich schlafen gelegt, nachdem das »Tagwerk« beendet war. In der Stadt funktionierte dieses Tagwerk nicht mehr als Einheit für die Arbeitszeit. Die Stunde wurde zum neuen Maß für die Arbeitszeit.

Sowieso tickte das städtische Leben schneller. Bald lief nichts mehr ohne Uhr. Die ungleich langen Stunden, die man von den Ägyptern übernommen hatte, wurden jetzt zum Ärgernis. Ständig musste man die Uhren neu stellen und an die Jahreszeit anpassen. In früheren Zeiten war es nicht darauf angekommen, wie genau die Uhren gingen. Eine Anpassung an den Sonnenstand hin und wieder hatte ausgereicht. Doch jetzt durfte es schon ein bisschen genauer sein. Mit der ungleich langen Stunde bekam man die Zeit nicht mehr in den Griff.

An immer mehr Kirchtürmen und Rathäusern schlug deshalb die gleich lange Stunde. Man sollte sich das nicht als eine zeitgleiche Umstellung in ganz Europa vorstellen, sondern als langsamen Prozess über mehrere Jahrhunderte.

Im 17. Jahrhundert erfand Christian Huygens das Pendel, mit dem man die Uhren genauer machen konnte. Bald gab es Minutenzeiger, und etwa ein Jahrhundert später folgte auch der Sekundenzeiger.

Gerade erst war die Stunde zu der geworden, die wir heute kennen – nämlich gleich lang und mit den sechzig Minuten und sechzig Sekunden aus dem Land zwischen Euphrat und Tigris versehen –, da ging es ihr schon wieder an den Kragen. 1789 fegte die Revolution durch Frankreich. Eine gute Zeit, um aufzuräumen, sagten sich die Revolutionäre.

Ein besonderer Dorn im Auge war ihnen alles, was nicht dezimal war. Alles sollte auf dem Zehnersystem aufgebaut werden. Warum soll der Tag ausgerechnet 24 Stunden haben?, fragten sich die französischen Wissenschaftler. Und wieso hat eine Stunde sechzig Minuten und eine Minute sechzig Sekunden? Was die alten Babylonier und Ägypter très chic fanden, wirkte plötzlich wie altes Gerümpel. Mit diesen Sechziger-Zahlen konnte doch schon lange kein Mensch mehr vernünftig rechnen!

Abgeschafft werden sollten auch der mit dem Christentum verknüpfte Kalender, die biblische Sieben-Tage-Woche und die angestammten Monate. Mit einem vernünftigen Dezimalsystem ließ sich überall Ordnung schaffen.

Man entwarf einen neuen Kalender, der zwölf Monate zu dreißig Tagen hatte. Jeder Monat hatte drei Wochen mit jeweils zehn Tagen. Die zehntägige Woche hieß Dekade, und die Tage wurden einfach durchgezählt. Sonntage und christliche Feiertage waren nicht mehr en vogue. Schon das machte den Kalender bei der Bevölkerung unpopulär, denn nun war nur jeder zehnte Tag arbeitsfrei. Als Jahr eins der neuen Zeitrechnung wurde 1792, das erste Jahr der Republik, festgelegt.

Auch die Stunde wurde in ein neues Gewand gehüllt. Ein revolutionärer Tag setzte sich aus nur noch zehn Stunden zusammen. Die Stunde hatte dafür hundert Minuten. Die Minute hundert Sekunden.

Die Ziffernblätter der Uhren zeigten nur noch die Zahlen 1 bis 10 an. Ein gutes Geschäft für die Uhrmacher, mussten doch alle Uhren ersetzt werden. Mittags war um fünf, Mitternacht um zehn Uhr. So eine Uhr können Sie zum Beispiel im Musée des Arts et Métiers in Paris sehen.

Sechziger-Minuten in Hunderter-Minuten umwandeln

Rechnen wir einmal nach, ob alle Minuten mit rübergerutscht sind in den Revolutionstag. Die Anzahl der Stunden wurde arg zurechtgestutzt, verglichen mit unserem Tag. Obwohl eine revolutionäre Stunde mehr Minuten hat, sind es insgesamt doch weniger Minuten.
10 Stunden * 100 Minuten = 1000 Minuten
verglichen mit
24 Stunden * 60 Minuten = 1440 Minuten
Da würde man erst denken: Das ist ein bisschen wenig, was die Revolution hier zu bieten hat. Doch der Revolutionstag holt auf, indem jede Minute 100 Sekunden hat.
1000 Minuten * 100 Sekunden = 100 000 Sekunden
1440 Minuten * 60 Sekunden = 86 400 Sekunden
Eine Sekunde nach diesem System tickt also schneller als unsere, denn sie ist um 13,6 Prozent kürzer. Ein Tag hatte mehr Sekunden. Dafür ist die Dezimalminute fast eineinhalbmal so lang wie unsere herkömmliche Minute und die Dezimalstunde sogar fast zweieinhalbmal so lang wie unsere Stunde.

Wie würde es sich wohl anfühlen, nach so einem anderen Rhythmus zu leben? Vermutlich wäre es wie so oft bei solchen Umstellungen, dass wir uns alle nach einiger Zeit daran gewöhnt hätten, auch wenn es uns erst ganz fremd erscheint. Schon nach kurzer Zeit würden wir automatisch sagen: »Wir sehen uns in 21 Minuten«, wenn wir eigentlich eine halbe Stunde unserer Zeit meinen.

Solange ein neues System noch nicht fest etabliert ist, rechnet man ja immer im Kopf noch um. Wie würden wir das in diesem Fall angehen, um 30 Minuten unseres herkömmlichen Systems in das dezimale System umzurechnen?

Unser Tag hat 1440 Minuten, der Revolutionstag hat 1000 Minuten.

1 Revolutionsminute = 1,44 herkömmliche Minuten (1440 : 1000)

Auch hier können wir wieder mit der Einsheit rechnen. Also erst auf eine Minute schließen und dann mit 30 malnehmen. Ich würde das zusammenziehen und im Kopf so rechnen:

Eine herkömmliche Minute ist 1000 : 1440 Revolutionsminuten. Wir vereinfachen und erhalten

$1000 : 1440$
$= 100 : 144$
$= 50 : 72$
$= 25 : 36$
$= 0,69\overline{4}$ Revolutionsminuten.

Statt mit der 0,694 können wir hier mit 0,7 weiterrechnen. Der Fehler liegt bei unter einem Prozent und sollte keine Rolle spielen.

1 herkömmliche Minute = rund 0,7 Revolutionsminuten.

Mit 30 herkömmlichen Minuten erhalten wir $30 * 0,7 = 3 * 7 = 21$ Revolutionsminuten.

Wir rechnen die Aufgabe mit dem exakten Wert durch, um zu überprüfen, wie gut die Annäherung ist.

$$30 * \frac{1000}{1440} = 30000 : 1440$$

Hier kann eine Null gekürzt werden, dies ergibt

3000 : 144 (: 3)

Hier würde ich wieder versuchen, die Zahlen zu verkleinern. Um aber meinen Zähler einfach zu halten, teile ich nicht einfach, sondern prüfe zunächst, ob sich der Nenner ebenfalls durch 3 teilen lässt. Dass der Zähler gut durch 3 teilbar ist, sieht man ja auf einen Blick. Dann kann man einfach weiter halbieren.

1000 : 48 (: 2)
500 : 24 (: 2)
250 : 12 (: 2)
125 : 6 = 20 Rest 5 oder $20\frac{5}{6}$

Auch hier erhalten wir knapp 21 Revolutionsminuten im dezimalen System. Dieses Ergebnis liegt sehr nahe am ersten Ergebnis mit der Faustformel von 0,7. Deshalb können wir genauso gut immer mit der Faustformel rechnen.

Dass wir die Zahlen eben so wunderbar zerlegen konnten, ist ein Hinweis darauf, dass die alten Babylonier bewusst die 60 zur Basis ihres Zahlensystems machten, weil sie gute Teilbarkeitseigenschaften hat.

Die revolutionäre Stunde setzte sich nicht durch, und Napoleon schaffte auch den unbeliebten Kalender wieder ab, um sich mit der katholischen Kirche gutzustellen. Auf den 10. Nivôse 14 folgte der 1. Januar 1806. Seitdem ist die Stunde so, wie wir sie kennen.

Auch wenn das Vorhaben der dezimalen Stunde scheiterte, zeigt es doch, dass alles auch ganz anders sein könnte, als wir es kennen. Dass wir in der Einteilung unseres Tages frei sind. Statt wie gewohnt weiterzumachen, könnten wir, wenn wir wollten, mit neuen Einteilungen unseres Tages experimentieren. Vielleicht würde ein Tag mit 100 Stunden pro Tag mit 36 Minuten pro Stunde und 24 Sekunden pro Minute viel besser zu uns passen?

100 * 36 * 24 = 86 400

Diese neue Einteilung wäre nur eine andere Zerlegung der 86 400 Sekunden, die unser Tag hat. Insgesamt würden genauso viele Sekunden dabei herauskommen wie bei uns auch. An der Länge der Sekunden wurde nicht gerüttelt. Natürlich könnten wir auch die Stunde mit ihren 60 Minuten unangetastet lassen. Dann würde ich als Erstes die 86 400 in 60 Abschnitte teilen.

86 400 : 60 = 1440

Hier würde ich durch 10 teilen, das wären meine Stunden, es bleibt die 144 als Anzahl meiner Sekunden.
Mit einem Tag von 10 Stunden à 60 Minuten à 144 Sekunden hätte die Stunde immer noch ihre sechzig Minuten. Wir hätten trotzdem eine neue Zusammensetzung.

10 * 60 * 144 = 86 400

Genießen Sie noch einmal den Blick hier vom Turm, bummeln Sie, wenn wir wieder unten sind, noch etwas durch die Stadt. Wir treffen uns in genau einer Stunde am Ischtar-Tor und begleiten von dort die Karawane zu unserer nächsten Station. Und während Sie so durch die Gassen schlendern, rechnen Sie einfach im Kopf die folgende Aufgabe.

Aufgabe

Jetzt ist Ihre Kreativität gefragt. Basteln Sie sich einen eigenen Tag zusammen. Sie sind völlig frei in der Einteilung der Stunden, Minuten und Sekunden. Wie viele Stunden hat Ihr idealer Tag? Und was folgt daraus für die Minuten und Sekunden?

32° **Hatch**
New Mexico, USA

32° 39′ 55″ N
107° 9′ 11″ W
Breite: 32,665357°
Länge: −107,153074°

Schärfegrad
mit der Scoville-Skala berechnen

Herausgeputzt wie zu Weihnachten hat sich dieser von Chilifeldern umgebene Fleck Erde. Statt blinkenden Rentieren und Lichtergirlanden zieren Trauben von bunten Chilischoten die Straßen. Nicht der Duft nach gebrannten Mandeln und Glühwein liegt hier in der Luft, stattdessen kitzeln geröstete Chilischoten unsere Nasen.

Vier Banken, zwei Lebensmittelläden, eine Apotheke, ein Flughafen und einige Restaurants hat das 1600-Einwohner-Städtchen Hatch, das einst aus einer Poststation der Santa-Fe-Eisenbahn hervorgegangen ist. Zum jährlichen Chilifestival erwartet die etwa 100 Kilometer nördlich der mexikanischen Grenze gelegene Hauptstadt der scharfen Schoten 30 000 Besucher. Die erleben dann die Wahl der Chili-Festival-Königin, basteln dekorative Chili-Ristras oder probieren neue Chilikreationen. Auch eine Parade gibt es und einen Jahrmarkt. Und natürlich heißt es, gelbe, orange, grüne, rote, braune und schwarze Schoten zu bewundern, als Pulver oder Sauce, mild oder ganz scharf.

Nach all den Kulturdenkmälern, die wir in den letzten Kapiteln besichtigt haben, sollten wir jetzt erst mal etwas essen. Gleichzeitig wollen wir uns weiter mit Gewichten vertraut machen.

In den letzten Jahren hat das scharfe Essen auch bei uns immer mehr Liebhaber gefunden. Bei mir fing es an, als ich elf Jahre alt war und mit meinen Eltern und meiner Zwillingsschwester ein chinesisches Restaurant in Holland besuchte, in dem man mir eine unglaublich scharfe Suppe servierte. Irgendwas muss dort damals in der Küche schiefgelaufen sein! Statt die Suppe aber zurückgehen zu lassen, aß ich sie stur auf und ignorierte die anderen, die mich überzeugen wollten, dass die Suppe viel zu scharf sei. Für mich galt es, eine Herausforderung zu meistern. Geschlagene zwei Stunden brauchte ich dafür.

Dieses Erlebnis war mein Einstieg in das scharfe Essen. Wenn bei mir heute eine Pizza auf den Tisch kommt, dann ist die Tabasco-Flasche hinterher leer. In Restaurants, in denen ich Stammgast bin, stellt man mir von vornherein ein fast leeres Fläschchen hin. Sonst würde man mit mir Verluste machen.

Sehr entgegen kommen mir die Zahlen, mit denen die scharfen Saucen markiert sind. Schärfe lässt sich nämlich messen. Natürlich hat fast jeder Thailänder und Vietnamese seine eigene Skala. Da finden Sie beispielsweise ein, zwei oder drei kleine Chilischoten neben den Gerichten auf der Speisekarte, dann eine grüne, eine gelbe und eine rote

Schote. Auf den Verpackungen von scharfen Saucen gibt es außerdem oft eine Einteilung von 0 bis 10+.

Doch am weitesten verbreitet ist die nach dem amerikanischen Pharmakologen Wilbur L. Scoville benannte Scoville-Skala, die auf tatsächlichen Messungen basiert.

Gemessen wird dabei der Anteil des Wirkstoffs Capsaicin, das für die Reizung der Schleimhäute und Schmerzrezeptoren zuständig ist. Scoville verdünnte 1912 ein Extrakt aus Chili mit Wasser und testete mit Versuchspersonen, wann sie keine Schärfe mehr spürten. Wenn kein Capsaicin enthalten ist, dann ist die Scoville-Einheit null. Verdünnt man also einen Tropfen einer Sauce mit 100 Tropfen Wasser, damit sie nicht mehr scharf ist, dann spricht man von 100 Scoville-Einheiten. Der Schärfegrad ist demnach ein Verdünnungsfaktor. Unsere normale Gemüsepaprika hat beispielsweise 0 bis 10 Scoville. Die nehmen wir aber gar nicht wahr, weil wir Schärfe erst ab 16 Scoville schmecken. Bei einer Peperoni ergeht es den meisten schon anders. Die bringt 100 bis 500 Scoville auf die Skala.

Schärfegrade in Scoville
Gemüsepaprika: 0 bis 10
Peperoni: 100 bis 500
Tabasco-Sauce: 2500 bis 5000
Jalapeño-Chili: 2500 bis 8000
Cayennepfeffer: 30 000 bis 50 000
Habaneros: 100 000 bis 350 000
Pfefferspray: 2 Millionen
Reines Capsaicin: 15 bis 16 Millionen

Auf Verdünnungen und den subjektiven Schärfeeindruck von Testpersonen ist heute niemand mehr angewiesen.

Denn der Haken an Scovilles Vorgehensweise war, dass das Schärfeempfinden individuell unterschiedlich ist. Was Sie scharf finden, schmecke ich vielleicht gar nicht. Und natürlich könnte es auch umgekehrt sein, wenn Sie beispielsweise aus einem Land mit scharfer Küche stammen.

Stattdessen wird der Anteil des Capsaicins heute durch Instrumente mit der Hochleistungsflüssigkeits-Chromatographie gemessen. Ein Milligramm Capsaicin pro 1 Kilogramm Lebensmittel entspricht etwa 16 Scoville-Einheiten.

Während das scharfe Essen bei uns eher neu ist, essen die Bewohner heißer Länder seit jeher scharf. Die Gewürze wachsen bei ihnen quasi vor der Haustür, und die Schärfe wirkt antibakteriell. Gleichzeitig reguliert das durch die Schärfe ausgelöste Schwitzen den Klimahaushalt und kühlt den Körper.

Scharfes Essen regt auch die Endorphin-Produktion im Gehirn an und verursacht deshalb Glücksgefühle. Weil auch der Stoffwechsel angeregt wird, was für das Abnehmen nützlich ist, gilt scharfes Essen als gesund.

Doch einige übertreiben auch. Statt es sich schmecken zu lassen, betreiben sie Scharfessen als Sport. So wie wir unsere Freizeit ganz vernünftig mit Hai-Tauchen, Eisklettern oder Volcano-Boarding verbringen, trainieren diese Sportler scharf essen und nehmen dann an Wettbewerben teil, sogenannten Scoville-Meisterschaften. Das Training besteht daraus, immer höhere Scoville-Grade zu bewältigen.

Wer nicht richtig trainiert hat, bei dem führt die Schärfe zu Übelkeit, Atemnot, Schleimhautreizungen, Erbrechen, Bluthochdruck, Schweißausbrüchen oder Magenkrämpfen. Im schlimmsten Fall drohen Kreislaufbeschwerden.

Damit es bei Ihnen nicht so weit kommt, hier die Empfehlung des Bundesamtes für Risikoanalyse: Die maximale Dosis für eine Mahlzeit sollte demnach 5 Milligramm Capsaicin pro Kilogramm Körpergewicht sein. Also für jemanden, der 60 Kilogramm wiegt, 300 Milligramm Capsaicin, bei 90 Kilogramm 450 Milligramm Capsaicin.

Während wir so über die Hauptstraße von Hatch schlendern, kann ich Ihnen ja mal erzählen, wie es in Sachen Schärfe in meinem Kühlschrank und auf meinem Gewürzregal aussieht. Da steht eine Flasche Louisiana Gold Green Pepper Sauce, die mit 1000 Scoville ausgezeichnet ist. Dann einige sehr scharfe Sachen: eine Habanero-Chili-Sauce mit 175 000 Scoville und eine Chili-Bih-Jolokia-Streudose mit sogar 420 000 Scoville. Den Paradeplatz hat das »1 Million Scoville Concentrated Pepper Extract«, das Mitbringsel eines Freundes aus den USA. Auf der Flasche ist ein deutlicher Warnhinweis angebracht. Und man muss höllisch aufpassen, damit man nicht aus Versehen einen Tropfen auf die Haut bekommt. Von dieser Sauce tue ich mir immer nur einen winzigen Tropfen auf den Teller, den ich dann noch mal mit dem Messer in acht Tröpfchen zerlege und erst dann unter mein Essen mische. Diese Sauce ist unvorstellbar scharf. Jedoch noch lange nicht das Schärfste, was auf dem Markt ist. Die Scharfessen-Sportler würden sich wohl scheckig lachen, wenn sie wüssten, dass das jemand scharf findet. Um dann lässig eine Sauce mit 9 Millionen Scoville über ihre Currywurst zu kippen.

Jetzt frage ich mich aber natürlich, wie viel Scoville ich da so zu mir nehme, und will es mit Ihnen gemeinsam aus-

rechnen. Manch einer hat sich beim Lesen vielleicht schon gefragt: »Wie viel ist jetzt eigentlich 1 Milligramm?«
Damit Sie nicht den Überblick verlieren:
1000 Milligramm = 1 Gramm
1000 Gramm = 1 Kilogramm
1 Million Milligramm = 1 Kilogramm
Diese Einheiten nicht durcheinanderzubringen wird gleich Ihre Aufgabe sein. Womöglich sind Angaben in verschiedenen Gewichtseinheiten für Sie gar kein Thema. Damit das Ganze nicht zu einfach wird, werfen wir noch ein paar Teelöffel als Maßeinheit dazu. Für die Gruppe, die sich mit Maßeinheiten schwertut, könnte die Aufgabe eine ziemliche Kletterpartie werden. Sie entspricht vom Schwierigkeitsgrad etwa der Schärfe der Tabasco-Sauce. Lehnen Sie sich dann einfach zurück und schauen Sie entspannt zu!
Aus den Angaben, die wir haben, gilt es jetzt, die entscheidenden herauszufiltern, um auszurechnen, wie viel Scoville ein Teelöffel Tabasco hat.
Sichten und sortieren wir erst mal wieder die Angaben:
1 mg Capsaicin pro 1 kg Lebensmittel = 16 Scoville
Tabasco-Sauce: 2500 bis 5000 Scoville
1 Teelöffel Tabasco = 5 g
Und zum Schluss die Empfehlung des Bundesinstituts für Risikoanalyse: Nicht mehr als 5 Milligramm Capsaicin pro Kilogramm Körpergewicht pro Mahlzeit.
Als Erstes nehme ich an, dass unsere Tabasco-Sauce im oberen Bereich liegt, also 5000 Scoville scharf ist. Dann berechne ich, wie viel Capsaicin 1 Kilo Tabasco-Sauce enthält.

5000 : 16

Durch wiederholtes Halbieren erhalten wir

2500 : 8 =

1250 : 4 =

625 : 2 = 312,5 Milligramm Capsaicin pro Kilogramm Lebensmittel.

Wenn 312,5 Milligramm Capsaicin in einem Kilogramm Lebensmittel sind, wie viel sind dann in einem Gramm enthalten?

312,5 : 1000

Für die Division durch 1000 brauchen wir nur das Komma um drei Stellen nach links zu verschieben. Somit wird 312,5 zu 0,3125.

1 g Tabasco enthält 0,3125 mg Capsaicin.

Wir rechnen den Capsaicin-Gehalt für einen Teelöffel, 5 Gramm, Tabasco aus.

0,3125 + 5

Wir fangen links an und gehen eine Ziffer nach der anderen durch.

Erst 5 * 5. Wir notieren 5, es bleibt ein Übertrag von 2, so gehen wir jetzt alle weiteren Ziffern durch. Das Ergebnis hat vier Nachkommastellen.

Geschickter ist es, mit 10 zu multiplizieren. Aus 0,3125 wird dann 3,125. Dann braucht nur noch halbiert zu werden, und es kommt 1,5625 raus.

5 g (1 TL) = 1,5625 mg Capsaicin pro Teelöffel

Und wie viele Teelöffel darf ich jetzt zu mir nehmen, ohne meine Gesundheit zu gefährden?

Momentanes Körpergewicht: 90 kg * 5 = 450

450 mg Capsaicin pro Mahlzeit : 1,5625 mg Capsaicin pro Teelöffel = ? Teelöffel, die ich zu mir nehmen darf. Wiederholtes Verdoppeln führt direkt zur Lösung.

450 : 1,5625
= 900 : 3,125
= 1800 : 6,25
= 3600 : 12,5
= 7200 : 25
= 14 400 : 50
= 28 800 : 100
= 288 Teelöffel

Zumindest mit einer normalen Tabasco-Sauce scheint der Grenzwert nur erreichbar zu sein, wenn man ein Fläschchen nach dem anderen pur runterkippt. Machen Sie das lieber nicht.

Hier noch ein paar Sicherheitshinweise: Nehmen Sie sehr scharfe Saucen nur in ganz kleinen Mengen zu sich! Gut unter das Essen mischen! Beachten Sie unbedingt die Dosierungsanleitungen und schauen Sie, dass Kinder nicht an die Flasche kommen! Lassen Sie sich das scharfe Essen aber auch nicht vermiesen. Wenn es doch mal brennt im Mund, essen Sie einfach ein Stück Schokolade. Auch Nougat hilft in einer derartigen Situation. Natürlich können Sie es auch mit gängigen Empfehlungen wie Milch, Joghurt oder Brot versuchen.

Und wenn es Sie nach Wettbewerben gelüstet, kommen Sie lieber zu meinen Kopfrechen-Wettbewerben, die sind allemal ungefährlicher.

Aufgabe

Wie viel von der superscharfen »1 Million Scoville Concentrated Pepper Extract«-Sauce können Sie bei einer Mahlzeit und einem Körpergewicht von 80 Kilogramm maximal laut der Empfehlung »nicht mehr als 5 Milligramm Capsaicin pro Kilogramm Körpergewicht« zu sich nehmen?

34° **Luoyang**
China

34° 37′ 11″ N
112° 27′ 15″ O

Breite: 34,619683°
Länge: 112,45404°

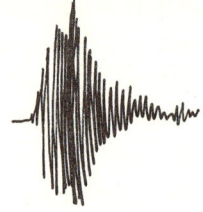

Erdbeben messen mit Logarithmen

Plötzlich reißt einer der acht Drachen seine Kiefer auf und speit einen Bronzeball aus. Dieser kracht in das geöffnete Maul eines Frosches. Dann ertönt eine Glocke. Genau so soll es gewesen sein, als im Jahr 138 unserer Zeitrechnung das erste Seismoskop in Aktion trat.

Dieses Messgerät für Erdbeben wurde sechs Jahre zuvor von Zhang Heng konstruiert, sozusagen der chinesische Leonardo da Vinci. Der kaiserliche Astronom war gleichzeitig Dichter, Maler, Erfinder, Mathematiker und Beamter, konstruierte außer seines Seismoskops auch einen Himmelsglobus und tüftelte an der Kreiszahl Pi herum. Wahrlich ein wissenschaftlicher Hansdampf in allen Gassen.

Luoyang war damals die Hauptstadt des chinesischen Reiches. In dieser früher so bedeutenden und heute für chinesische Verhältnisse mit 1,4 Millionen Einwohnern eher beschaulichen Stadt sollen einst auch so bedeutende Geister wie Konfuzius und Laotse gewirkt haben.

Schon immer war China ein Land der Erdbeben. Im Westen und Südwesten, dort, wo der Himalaya thront, reiben sich die indische und die eurasische Platte aneinander. Östlich liegt der bedrohlichste und aktivste Erdbebengürtel der Welt, der pazifische Feuerring. Seit dem Jahr 780 vor unserer Zeitrechnung werden Erdbeben in den kaiserlichen Annalen festgehalten. Auch das verheerendste aller uns bekannten Erdbeben ereignete sich einst in China, allerdings erst 1400 Jahre nach Zhang Hengs Erfindung. Das Beben im Jahr 1556 in der nordchinesischen Provinz Shanxi brachte 830 000 Menschen den Tod und hatte vermutlich die Stärke 8. Nie zuvor oder danach hat es irgendwo ein Erdbeben mit so vielen Toten gegeben. Und während ich im August 2014 dieses Kapitel schreibe, ereignet sich ein Erdbeben von 6,3 in der südlichen Provinz Yunnan.

Zwar können wir Erdbeben auch heute nicht vorhersagen, doch wir können sofort Hilfe in betroffene Regionen schicken. Das war früher nicht so, auch wenn das chinesische Reich bestens organisiert war. Gut ausgebaute Straßen und Kanäle waren vorhanden, und der Staat kaufte die Ernteüberschüsse für Notlagen auf. Doch es dauerte einfach zu lange, bis der Bote aus einer entlegenen Provinz die Hauptstadt Luoyang erreichte, um von der Katastrophe zu berichten.

Mit dem Seismoskop von Zhang Heng wurde Zeit gewonnen, denn nun konnte man schon Hilfe losschicken, sobald sich das Erdbeben ereignet hatte, und das funktionierte so:

Am oberen Rand eines kupfernen Kessels sind acht Drachenhäupter angebracht. Sie blicken in alle Himmelsrichtungen: nach Norden, Nordosten, Osten, Südosten, Süden,

Südwesten, Westen und Nordwesten. Unter ihnen sitzen die Frösche mit geöffneten Mäulern. Sobald eine Erdbebenwelle den Standort des Gefäßes traf, bewegte sich ein Pendel im Inneren in die Richtung, in der die Erde bebte. Ein Hebel öffnete dann das Maul des entsprechenden Drachen und ließ den Ball herauskullern.

Weil der westliche Drache seinen Ball ausgespuckt hatte, konnte nun eine Hilfsexpedition nach Westen entsandt werden, obwohl man in Luoyang selbst keinerlei Erderschütterungen gespürt hatte. Erst Tage später erfuhr der Hof, dass in der 650 Kilometer entfernten Provinz Gansu tatsächlich die Erde gebebt hatte.

Auch bei uns gibt es Erdbeben. Ein von einem Regal herunterkullernder Ball weckte mich im April 1992 gegen drei Uhr nachts. Statt aber in das Maul eines Frosches zu fallen, sprang er wie wild in meinem Zimmer des Studentenwohnheims in Bonn herum. Etwa fünfzehn Sekunden wackelten die Wände. So schnell ich konnte, lief ich aus meinem Zimmer im fünften Stock nach draußen, wo sich schon einige Kommilitonen versammelt hatten. Alle im Schlafanzug! Erst nach einer Stunde trauten wir uns wieder ins Haus.

Dieses Erdbeben, dessen Epizentrum weniger als hundert Kilometer entfernt in der Nähe des niederländischen Roermond lag, hatte eine Stärke von 5,9 auf der Richterskala und war das stärkste, das der Westen Deutschlands in über 200 Jahren erlebt hat. Wenn Sie irgendwo bei mir um die Ecke wohnen, haben Sie es möglicherweise selbst miterlebt. Heute reicht es uns natürlich nicht mehr, nur zu wissen, in welcher Himmelsrichtung sich ein Erdbeben ereignet hat.

Unsere modernen Geräte können einiges mehr als der Kessel von Zhang Heng.

Ein Seismograph erfasst die Erschütterungen und zeichnet sie auf. Wir können die Stärke der Erschütterung erkennen und die Beben damit vergleichbar machen. Dafür wurden unterschiedliche Skalen entwickelt, auf denen die Messergebnisse eingeordnet werden. Auf diesen Skalen wird jedem Erdbeben eine Zahl als Maß für die Stärke zugeordnet.

Lineare und logarithmische Skalen

Solche Skalen sind hochinteressant. Sie sind nämlich logarithmisch. Wir selbst ticken aber eher linear. Linear bedeutet, dass der Abstand zwischen 1 und 2 genauso groß ist wie der zwischen 2 und 3 oder 3 und 4. Er ist immer gleich, genau wie die Abstände auf einem Zentimetermaß. Das klingt so banal, dass man denken könnte: Ja, wie denn sonst? Dabei ist sehr viel nicht linear. Eigentlich das meiste, aber das ist uns nicht unbedingt bewusst.

Schon bei unseren Schulnoten fängt es an. Die Notenschlüssel bei Diktaten sahen bei mir in der Grundschule etwa so aus:

Sehr gut: 0 Fehler
Gut: 1 oder 2 Fehler
Befriedigend: 3 bis 5 Fehler
Ausreichend: 6 bis 10 Fehler
Mangelhaft: 11 bis 17 Fehler
Ungenügend: Mehr als 17 Fehler

Tatsächlich habe ich alle Fehler nachgezählt und eine Auswertung erstellt, deshalb erinnere ich mich noch so genau daran. Einmal hatte ich fünfzehn Fehler und erhielt ein Mangelhaft. Meine Mutter war schwer alarmiert und ließ mich prompt üben. Beim nächsten Mal fabrizierte ich also nur sechs Fehler und bekam dafür ein Ausreichend verpasst. Wie finden Sie das? Ich war ziemlich empört. Neun Fehler oder 60 Prozent weniger Rechtschreibfehler hatten mich nur um eine Note nach vorne gebracht.

Wie wenig linear diese Notengebung war, zeigt sich auch daran, dass man ja auch nicht folgern kann, dass ich mit sechs Fehlern die Rechtschreibung nun zweieinhalbmal besser beherrsche als mit fünfzehn Fehlern, nur weil 6 * 2,5 = 15 ist.

Erdbeben-Skalen sind auf eine andere Weise nicht linear. Die Skalen sind nämlich logarithmisch. Die Abstände zwischen den Werten sind also nicht gleich groß. Die Bodenbewegungen beim Messwert 2 sind bei der Ihnen sicher bekannten Richterskala stattdessen zehnmal so stark wie beim Messwert 1. Beim Messwert 3 wieder zehnmal so stark wie beim Messwert 2 und hundertmal so stark wie beim Messwert 1. Die durch das Beben freigesetzte Energie beträgt sogar das etwa 33fache von einem Wert zum nächsten.

Zwischen einer linearen und einer logarithmischen Skala besteht also ein gewaltiger Unterschied. Ein Erdbeben der Stärke 7 hört sich ja eigentlich nach gar nicht so viel mehr an als eins der Stärke 5. Doch die Bodenbewegungen sind eben hundertmal so stark, und die freigesetzte Energie ist sogar 1089-mal so hoch.

Logarithmen vereinfachen den Umgang mit großen Zahlen. Man setzt logarithmische Skalen ein, wenn der kleinste und der größte Punkt so weit auseinanderliegen, dass sie auf einer linearen Skala gar nicht zusammen abgebildet werden könnten. Denn wer will schon eine Skala lesen, die so viel Platz braucht, dass man sie von der Erde bis zum Mond ausrollen müsste? So wäre es nämlich beispielsweise bei der Lux-Skala für die Helligkeit, die ebenfalls logarithmisch ist.

Richterskala und Momenten-Magnituden-Skala

Schauen wir uns die bekannteste Erdbeben-Skala genauer an. Der kalifornische Seismologe Charles F. Richter nahm in den 1930er Jahren ein schwaches Zittern, das wir zwar nicht, der Seismograph aber sehr wohl wahrnehmen konnte, als Ausgangspunkt für seine Einteilung. Seine Skala orientiert sich an dem maximalen gemessenen Ausschlag, den das Gerät bei einem Erdbeben anzeigt.

Jedem Wert auf der Skala ist auch eine Beschreibung zugeordnet. Beben der Stärke 1 und 2 werden meist nur von Instrumenten bemerkt, während ein Beben der Stärke 3 nur nahe am Epizentrum zu spüren ist. Bei den Stärken 4 und 5 treten dann leichte Schäden auf, und das Beben macht sich bis zu 30 Kilometer vom Epizentrum entfernt bemerkbar. Bei Stärke 6 sind die Schäden schwerwiegend.

Auch bei dem Erdbeben von Roermond, das ich miterlebte, starb ein Mensch. Dreißig Menschen wurden allein in Deutschland verletzt, und die Sachschäden waren hoch. Und wir hatten damals noch Glück, weil der Herd des Bebens sehr tief unter der Erde lag. Hätte er höher gelegen, hätten die Schäden weitaus schlimmer sein können.

Trotzdem gilt ein Erdbeben von Stärke 6 noch als mäßiges Beben. Ab Stärke 7 wird es dann immer katastrophaler mit vielen Toten und schlimmen Verwüstungen.

Doch die 5,9 auf der Richterskala ist nicht die einzige Zahl, die zur Stärke des Erbebens von Roermond existiert. Es findet sich nämlich auch noch die Angabe 5,3. Und auch die stimmt. Von den meisten von uns gänzlich unbemerkt, hat man uns die allseits bekannte, nach oben offene Richterskala nämlich in den letzten Jahren entzogen. Weil wir sie aber genauso gut finden wie Kalorien oder PS, beides Größen, die offiziell längst abgeschafft sind, versuchen uns die Medien wohl das Schlimmste zu ersparen. »... nach der nach oben offenen Richterskala ...«, heißt es dort weiterhin.

Das Problem an der Richterskala ist, dass sie sich nicht für stärkere Beben eignet. Von wegen »nach oben offen«! Deshalb werden Beben inzwischen mit der in den siebziger Jahren des 20. Jahrhunderts von Hiroo Kanamori entwickelten Momenten-Magnituden-Skala gemessen.

Um die Richterskala und die Logarithmen zu verstehen, muss man kein großer Naturwissenschaftler sein. Bei der heute favorisierten Momenten-Magnituden-Skala gerät der Nichtphysiker dagegen schnell ins Hintertreffen. Sie misst nämlich das »seismische Moment« oder den Bruchvorgang im Erbebenherd. Deshalb nur so viel: Sie ist viel genauer als die Richterskala.

Für kleinere bis mittlere Erdbeben ergeben sich auf der Richter- und auf der Momenten-Magnituden-Skala ähnliche Werte. Stärkere Beben werden heute durchgehend mit der Momenten-Magnituden-Skala gemessen. Auch diese Skala ist logarithmisch aufgebaut.

Wozu Logarithmen?

Sie haben es vielleicht schon geahnt: Ich will die Gelegenheit ergreifen, das vielleicht nicht gerade populäre Thema Logarithmus etwas auszuführen. In der Schule haben Sie vielleicht immer mal auf eine »log«-Taste auf Ihrem Taschenrechner gedrückt, aber viel mehr ist vermutlich nicht hängengeblieben. Mir dagegen liegen die Logarithmen sehr am Herzen. Was mir an ihnen gefällt, ist, dass es mit ihrer Hilfe möglich ist, mit riesigen Zahlen zu rechnen.
Ich bin bei »Stern TV« und Stefan Raab angetreten, um live die 98789te Wurzel aus einer millionenstelligen Zahl zu ziehen. Ohne Logarithmen hätte ich mir jede der eine Million Stellen genau anschauen müssen. Eine Stelle pro Sekunde bedeutet eine Million Stellen in gut elfeinhalb Tagen. Etwas lange für eine Fernsehsendung! Dank der Logarithmen konnte ich mich einfach auf die Größenordnung der Zahl konzentrieren und die meisten Stellen überspringen. Nur bei einem kleinen Rest musste ich noch die Endziffern analysieren. Logarithmen sind grandiose Rechenhelfer, wann immer es um große Zahlen geht.
Doch auch wenn Sie gar nicht die Wurzel aus einer mil-

lionenstelligen Zahl ziehen wollen, schon gar nicht die 98789te, lohnt es sich, das Prinzip zu verstehen, das hinter den Logarithmen steckt.

Startpunkt für das Verständnis von Logarithmen sind sogenannte Potenzen. Wenn wir 5 * 5 = 25 rechnen, dann wissen wir, dass 25 die zweite Potenz der 5 ist, weil zwei Fünfen miteinander malgenommen wurden. Wenn wir 5 * 5 * 5 = 125 rechnen, dann wissen wir, dass 125 die dritte Potenz der 5 ist, weil drei Fünfen miteinander malgenommen wurden. Wenn wir 5 * 5 * 5 * 5 = 625 rechnen, dann wissen wir, dass 625 die vierte Potenz der 5 ist, weil vier Fünfen miteinander malgenommen wurden. Und so geht es immer weiter. Die fünfte Potenz der 5 ist 5 * 5 * 5 * 5 * 5 = 3125. Die sechste dann einfach 5 * 5 * 5 * 5 * 5 * 5 = (5 * 5 * 5 * 5 * 5) * 5 = 3125 * 5 = 15625.

Anstelle der 5 können wir auch die 10 oder jede andere Zahl nehmen – zum Beispiel die 33 –, Stichwort »freigesetzte Energie von Erdbeben«. Die fünfte Potenz von 10 ist 10 * 10 * 10 * 10 * 10 = 100000. Die vierte Potenz von 33 ist 33 * 33 * 33 * 33 = 1185921. Entscheidend ist, wie viele Zehner oder Dreiunddreißiger miteinander malgenommen werden.

Der Logarithmus gibt an, wie viele der Zahlen miteinander zu multiplizieren waren. Weil für das Ergebnis 100000 fünf Zehner miteinander malzunehmen waren, sagt man, dass der Logarithmus von 100000 bezogen auf die Zahl 10 den Wert 5 hat. Die Zahl, die multipliziert wurde, wird auch als »Basis« bezeichnet. Der Logarithmus von 100000 zur Basis 10 ist 5.

Man kann auch sagen, dass der Logarithmus von 25 zur

Basis 5 2 ist (5 * 5 = 25). Der Logarithmus von 1 185 921 zur Basis 33 ist 4, weil wir vier Dreiunddreißiger malgenommen haben.

Um wie viel stärker ist das Beben wirklich?

Ein Erdbeben der Stärke 6 bedeutet, dass es 10 * 10 * 10 * 10 * 10 * 10 (sechsmal die 10) oder eine Million Mal so stark von den Erdbewegungen her sein muss wie ein Erdbeben der Stärke 0.

Das Erdbeben der Stärke 0 ist dann ein sehr schwaches Beben, das nicht von uns gespürt wird. Es ist aber mehr als kein Erdbeben. Man könnte ja auch meinen, dass Stärke 0 bedeutet, dass es überhaupt keine Bodenbewegung gibt. Das kann aber nicht sein, denn wenn die 0 wirklich 0 wäre, dann würde sie, mit einer beliebigen Zahl malgenommen, ja auch immer 0 ergeben. Ein kleines bisschen Erdbeben muss also auch bei der 0 auf der Skala da sein. Sonst könnte diese 0 nicht anwachsen.

Und in der Tat hat Richter seinen Nullpunkt definiert als einen Ausschlag auf seinem Seismometer von einem Mikrometer in 100 Kilometer Entfernung vom Herd des Bebens.

Rechnen wir also aus, um wie viel stärker als das Ausgangsbeben der Stärke 0 ein Erdbeben der Stärke 3 ist. Wir wissen, dass von einem Skalenpunkt zum nächsten das Zehnfache an Erdbewegung gemessen wird. Die Lösung lautet deshalb: 10 * 10 * 10 = 1000-mal so stark.

Wie sieht es mit der freigesetzten Energie aus? Hier ist mit dem Faktor beziehungsweise der Basis von 33 zu rechnen. Die Lösung lautet also 33 * 33 * 33 = 35937-mal so stark.

Welche Stärke hat ein Beben, wenn es hundertmal so stark ist wie ein anderes?

Eben haben wir von der Stärke oder dem logarithmischen Wert ausgehend berechnet, um wie viel stärker ein Erdbeben im Vergleich zu einem anderen Erdbeben ist. Genauso könnte jetzt die Aufgabe umgekehrt gestellt werden: Ein Beben ist von den Erdbewegungen her hundertmal so stark wie ein anderes mit der Stärke 3. Welche Stärke hat das Erdbeben?

Wir fragen jetzt also nach einem logarithmischen Wert. Hundertmal so stark bedeutet das Gleiche wie 10 * 10 oder 10^2 (zweite Potenz von 10) mal so stark. Der logarithmische Wert zur Basis 10 erhöht sich also um 2, weil zwei Zehner dazugekommen sind. Da ein Wert auf der Skala jeweils das Zehnfache des vorherigen ist, hat das gesuchte Erdbeben also die Stärke 5.

Wie stark ist ein Beben von 3,3?

Oft haben Erdbebenstärken keine ganzzahligen Werte. Schauen wir uns einmal das Intervall zwischen 3 und 4 an.

Um festzustellen, wie viel stärker ein Beben von 3,3 im Verhältnis zu einem Beben von 3 ist, unterteilen wir den Erdbebenunterschied von 1 in zehn Unterschiede zu jeweils 0,1. Jeder dieser 0,1-Teile macht die zehnte Wurzel aus 10 aus. Die Multiplikation der zehn Unterschiede, also jeweils die zehnte Wurzel aus 10, ergibt wieder die 10. Dass die zehnte Wurzel aus 10 etwa $\frac{5}{4}$ entspricht, das müssen Sie nicht nachrechnen, das habe ich für uns alle ausgerechnet. Steigen Sie an dieser Stelle bitte nicht aus. Keine Sorge, Sie müssen gleich nicht selbst zehnte Wurzeln ziehen. Wir wollen nur den Logarithmus etwas weiter durchdringen.

Wir könnten natürlich auch den Erdbebenunterschied von 1 in zwanzig Unterschiede zu jeweils 0,05 unterteilen. Jeder von diesen 0,05-Teilen würde dann die zwanzigste Wurzel aus 10 ausmachen. Die Multiplikation der zwanzig Unterschiede von jeweils der zwanzigsten Wurzel aus 10 ergäbe wieder die 10. Das wollen wir aber gar nicht machen, das sollte nur der Verdeutlichung dienen. Wir bleiben bei der zehnten Wurzel aus 10.

Wenn wir Beben, die stärkemäßig zwischen 3 und 4 liegen, mit 3,0-Beben vergleichen, dann sieht das in 0,1-Schritten so aus:

3,0 = 1-mal so stark wie ein 3,0-Beben

3,1 = ca. $\frac{5}{4}$ = 1,25-mal so stark wie ein 3,0-Beben

3,2 = ca. $\frac{5}{4} * \frac{5}{4} = \frac{25}{16}$ = etwas mehr als 1,5-mal so stark wie ein 3,0-Beben

3,3 = ca. 2-mal so stark wie ein 3,0-Beben

3,4 = ca. $2 * \frac{5}{4} = \frac{10}{4} = \frac{5}{2}$ = 2,5-mal so stark wie ein 3,0-Beben

3,5 = ca. $2 * \frac{5}{4} * \frac{5}{4} = \frac{5}{2} * \frac{5}{4} = \frac{25}{8}$ = etwas mehr als 3-mal so stark wie ein 3,0-Beben

3,6 = ca. 4-mal so stark wie ein 3,0-Beben

3,7 = ca. $4 * \frac{5}{4}$ = 5-mal so stark wie ein 3,0-Beben

3,8 = ca. $5 * \frac{5}{4} = \frac{25}{4}$ etwas mehr als 6-mal so stark wie ein 3,0-Beben

3,9 = ca. 8-mal so stark wie ein 3,0-Beben

4,0 = $8 * \frac{5}{4} = \frac{40}{4}$ = 10-mal so stark wie ein 3,0-Beben

Mit jedem Zehntel zusätzlicher Beben-Stärke wird das Beben um rund 25 Prozent, nämlich $\frac{1}{4}$, stärker.

Leichter ist es, mit 0,3-Unterschieden zu rechnen. Hier lässt sich nämlich die Faustformel festhalten, dass sich die Erdbebenstärke mit einer zusätzlichen Stärke von 0,3 verdoppelt. Ein Erdbeben der Stärke 5,3 ist also etwa doppelt so stark wie ein Erdbeben der Stärke 5. Die Verdopplung resultiert aus:

$$\frac{5}{4} * \frac{5}{4} * \frac{5}{4} \cong 1{,}95$$

Diese 1,95 reklamieren wir einfach – Pi mal Daumen – als eine Verdoppelung. Wir rechnen also mit einem Annäherungswert.

Wenn ein Erdbeben der Stärke 5,0 100-mal so stark ist wie ein Erdbeben der Stärke 3, dann muss ein Erdbeben der Stärke 5,3 100 * 2 = 200-mal so stark sein. Ein Erdbeben der Stärke 5,6 wäre dann 2 * 200 = 400-mal so stark wie ein Erdbeben der Stärke 3, und ein Erdbeben der Stärke 5,9 etwa 2 * 400 = 800-mal so stark. Ein Erdbeben der Stärke 6 ist dann 1000-mal so stark wie ein 3,0-Beben.

Auch hierzu eine kleine Tabelle, die so gelesen wird: Ein

Erdbeben der Stärke x ist y-mal so stark wie ein Erdbeben der Stärke 3.

5,0 → 100
5,3 → ca. 200
5,6 → ca. 400
5,9 → ca. 800
6,0 → 1000

Heute sind überall auf der Welt Seismographen aufgestellt, und wir können alles ganz genau messen. Eine Entwicklung, die vor fast 2000 Jahren mit dem Kessel von Zheng Hang begann.

Aufgaben

1. Gibt es ein Erdbeben der Stärke – 1? Denken Sie mal drüber nach!

2. Entwickeln Sie eine eigene Tabelle für die Erdbebenstärken zwischen 4 und 5, analog der Tabelle für die Beben von 3 bis 4. Ihr Ausgangspunkt ist, dass ein Beben der Stärke 4 10-mal so stark ist wie ein Beben der Stärke 3.

38° | **Avanos**
| *Kappadokien, Türkei*
| 38° 43′ 11″ N
| 34° 51′ 19″ O
| Breite: 38,71973°
| Länge: 34,855259°

Knoten zählen

In einem bunten Ballon sind wir ins Land der Feenkamine, Höhlenkirchen und unterirdischen Städte geschwebt. Schon sind die Tuffstein-Felsen erklettert, die schneebedeckten Taurusgipfel am Horizont bewundert worden. Jetzt heißt es noch, das touristische Pflichtprogramm zu absolvieren: den Besuch einer Teppichmanufaktur.

»Na, das werden wir schnell hinter uns bringen«, denken Sie vielleicht, während unsere Gruppe am Ortsrand der alten Töpferstadt Avanos aus dem Bus steigt. In Gedanken sind wir alle längst bei dem laut Prospekt spektakulären Spezialitäten-Abendessen und den im Wellness-Bereich des Hotels wartenden Salzbädern. Doch denken Sie bloß nicht, dass es für uns nicht auch beim Teppichkauf etwas zu rechnen gäbe!

Erst mal schauen wir den Seidenraupen beim Mampfen von Maulbeerblättern zu. Einige der Tierchen bauen fleißig an ihrem Kokon, in dem sie sich dann verpuppen, damit aus ihnen ein Schmetterling werden kann. Doch das wird leider nicht passieren. Bevor sie schlüpfen, wird man sie aus ihrem Kokon jagen und den Faden abwickeln.

Vor einer großen Karte der Seidenstraße erfahren wir, wie Wolle gesponnen und gefärbt wird. Von dort aus Asien kommt nicht nur die Seide, die Türken haben auch das Handwerk des Teppichknüpfens mitgebracht, als sie sich im Mittelalter nach Westen aufmachten. Frauen in bunten Röcken und roten Blusen sitzen auf niedrigen Bänkchen vor ihren Webrahmen. Über ihren Köpfen hängen bunte Wollknäuel von einer am Webrahmen befestigten Leine herab. In unglaublichem Tempo hantieren sie mit den bunten Fäden.

Fragen wir doch eine der Knüpferinnen, aus wie vielen Knoten so ein Teppich besteht. Vor sich am Knüpfstuhl hat sie einen Läufer, der in der Mitte Tulpen auf leuchtend blauem Grund zeigt, am Rand ein geometrisches Muster in Rottönen. Erst das untere Drittel ist fertig. Wir erfahren, dass eine Knüpferin zwischen 9000 und 14 000 Knoten am Tag schafft.

Wie viele Knoten sich auf einem Quadratzentimeter, Quadratdezimeter oder Quadratmeter befinden, hängt von dem verwendeten Garn, dem Abstand der Kettfäden zueinander und der Anzahl der Schussreihen ab, die sich zwischen den Knotenreihen befinden. Unter 50 000 Knoten pro Quadratmeter gilt als grob, über 500 000 als sehr fein. Am meisten Knoten haben die Seidenteppiche, weil Seide am feinsten ist. Hier kann es durchaus vorkommen, dass ein Teppich eine Million Knoten pro Quadratmeter hat. Oft dauert es Jahre, bis ein Teppich fertig ist.

Vom Zentimeter zum Quadratzentimeter

Abzählen kann man die Knoten auch mit dem Zentimetermaß. Man hält es einfach an die Unterseite des Teppichs, wo die Knoten gut sichtbar sind, und zählt, wie viele Knoten es pro Zentimeter gibt. Das Zählen erfolgt sowohl waagerecht wie auch senkrecht. 1 Zentimeter waagerecht mal 1 Zentimeter senkrecht ergibt dann die Knotenzahl für 1 Quadratzentimeter. Um jetzt die Knotenzahl pro Quadratmeter zu erhalten, multiplizieren wir mit dem Faktor 10000.

»Warum denn mit 10000?«, fragt sich vielleicht der eine oder andere. 1 Meter sind doch 100 Zentimeter. Sie erinnern sich an unseren Aufenthalt in der Antarktis, wo wir aus Gletschern Rechtecke gemacht haben? Auch da ging es um Flächen. Nur sind wir da den umgekehrten Weg gegangen. Wir haben aus einer Fläche die Seitenlängen berechnet, während wir jetzt aus den Seitenlängen die Fläche berechnen. Bei den Gletschern haben wir die Nullen der Fläche auf die beiden Seiten verteilt, haben unsere Anzahl an Nullen also halbiert. Jetzt verdoppeln wir die Nullen der 100 Zentimeter, denn es sind ja sowohl waagerecht als auch senkrecht 100.

Nehmen wir zum Rechnen den 4 Meter langen und 3 Meter breiten Teppich in meinem Wohnzimmer. Und gehen wir einfach davon aus, dass er besonders fein geknüpft ist, mit 1 Million Knoten pro Quadratmeter.

Wie lange hätte eine Knüpferin, die acht Stunden am Tag arbeitet, wohl daran gesessen?

4 m * 3 m = 12 m²
12 * 1 Million Knoten pro m² = 12 Millionen
12 Millionen : 14 000 Knoten täglich
Erst halbieren wir jede Seite.
6 Millionen : 7000
Dann kürzen wir um 1000.
6000 : 7
Wir haben dann

$$\begin{array}{r} 6000 : 7 = 857 \text{ Tage} \\ \underline{56} \\ 40 \\ \underline{35} \\ 50 \\ \underline{49} \\ 1 \end{array}$$

Den Rest von 1 können wir vernachlässigen.

Wenn wir mit 14 000 dividieren, der Anzahl von Knoten, die die schnellste Knüpferin schafft, kommen wir auf 857 Tage Teppichknüpfen. Die teilen wir durch die 365 Tage, die ein Jahr hat: 857 : 365

Hier reicht es, wenn wir uns grob annähern. Zunächst ziehen wir das Doppelte von 365, das ist 730, von 857 ab und erhalten 857 − 730 = 127.

Weil 127 ziemlich genau ein Drittel von 365 ist, denn 120 * 3 = 360, wie man leicht sieht, schließen wir, dass die restlichen 127 Tage gut vier Monate ausmachen. Vier Monate sind ein Drittel von 12. Noch leichter ist es, sich klarzumachen, dass ein Monat im Durchschnitt ein wenig mehr als 30 Tage hat. Somit ergeben 127 Tage gut 4 Monate.

Abgerundet kommen wir also auf zwei Jahre und vier Monate, die die Knüpferin beschäftigt wäre.

Natürlich arbeitet sie aber nur fünf Tage die Woche, wie wir alle, überlege ich weiter. Dann hat sie vielleicht vier Wochen Urlaub, ist mal eine Woche krank.

Setzen wir ein Jahr mit 52 Wochen gleich, vernachlässigen also einen Tag oder zwei Tage bei einem Schaltjahr, ergeben sich 52 – 4 (Urlaub) – 1 (krank) = 47 Arbeitswochen oder 47 * 5 = 235 Arbeitstage pro Jahr.

Die Rechnung ist noch einfacher, wenn man die Wochenleistung berechnet.

14 000 * 5 = 70 000 Knoten

Teilen wir 12 000 000 durch 70 000, dürfen wir zunächst jeweils vier Nullen beim Dividenden und Divisor streichen.

12 000 000 : 70 000

wird zu

1200 : 7 = 171 Wochen Rest 3

$$\frac{7}{50}$$

$$\frac{49}{10}$$

$$\frac{7}{3}$$

Das Ergebnis ist $171\frac{3}{7}$ Wochen. Die $171\frac{3}{7}$ Wochen entsprechen drei Jahren (3 * 47 Wochen = 141) und $30\frac{3}{7}$ Arbeitswochen. Wir kommen auf rund drei Jahre und acht Monate. $30\frac{3}{7}$ Wochen sind rund $\frac{2}{3}$ von 47 Wochen. Ein Wert liegt etwas über 2 * 15 ($30\frac{3}{7}$), der andere etwas über 3 * 15 (47). Das ergibt dann acht von zwölf Monaten.

Jetzt werden wir in einen Raum bugsiert, an dessen Wänden rundherum mit Teppichen belegte Bänke stehen. Während der aus Gelsenkirchen stammende Chefverkäufer seine Ware anpreist und wir ein Gläschen Tee trinken, schleppen junge Männer auf der Schulter Teppiche herein. In unglaublichem Tempo und scheinbar perfekt choreographiert, rollen sie sie kreuz und quer im Raum aus. Hier mal hin und her schwenken, dort wieder zusammenfalten und erneut vor jemand anderem ausbreiten.

Nur handgeknüpfte Teppiche können gefaltet werden, bei industriell gefertigten Erzeugnissen ist das nicht möglich, werden wir unterrichtet. Zweck des Teppich-Balletts ist es, diesen Unterschied immer wieder zu demonstrieren. Wolle, Baumwolle, Seide, klassische Muster aus dem 15. Jahrhundert und Picasso, Tausendundeine Nacht und Tulpen. Tiere, tanzende Arabesken und geometrische Muster. Motive aus jeder Ecke des Landes, in Blau, Braun, Rostrot, Grün. Seldschukisch, mamlukisch und osmanisch. Mal sind es kleine Läufer, mal würden sie gut in ein Wohnzimmer passen.

Wie viele Knoten hat der Teppich?

Der Läufer vor mir mit dem klassisch orientalischen Muster soll 90 000 Knoten pro Quadratmeter haben. Das wäre mittelgrob oder mittelfein. Er ist 302 cm lang und 103 cm breit. Wie viele Knoten hat er insgesamt? Überlegen Sie mal selbst! Bei dieser Aufgabe gibt es mehrere Lösungswege. Zum einen könnten wir uns die Frage stellen, wie viele Knoten dieser

Teppich pro cm² hat. Weil ein m² 10 000 cm² hat, kann einfach die Knotenzahl pro Quadratmeter von 90 000 durch 10 000 geteilt werden.

90 000 Knoten : 10 000 = 9 Knoten

Jetzt besteht der restliche Rechenweg aus zwei Multiplikationen: Wir nehmen zuerst die Länge von 302 cm und ziehen unseren einen cm² in die Länge, indem wir die Anzahl der Knoten pro cm² mit der Länge multiplizieren.
9 Knoten * 302 = 2718 Knoten
Das lässt sich leicht im Kopf malnehmen:

    9 * 300 = 2700
    2 * 9 = 18
    2700 + 18 = 2718

Mit der Breite von 103 cm ziehen wir jetzt die 302 cm² in die Breite, indem wir die Knotenanzahl von 2718 mit der Breite multiplizieren.
Das ist im Kopf schon etwas schwieriger. Wie gehe ich bei dieser Aufgabe vor?
Ich hänge zwei Nullen an die 2718 und habe schon
100 * 2718 = 271 800.
Dann addiere ich das Dreifache von 2718. 3 * 2718 ist das Gleiche wie 9 * 906. Denn 3 * 3 = 9 und 2718 : 3 = 906. Auch Letzteres ist einfach, weil hintereinander nur 2700 : 3 = 900 und 18 : 3 = 6 gerechnet werden müssen.
Jetzt ist die Multiplikation kein Problem mehr.
9 * 900 ergibt 8100, und 6 * 9 macht 54. Die Lösung ist 8100 + 54 = 8154.

Das Ergebnis 8154 wird zu 271 800 addiert. Diese Addition ist leicht, weil die 54 quasi abgeschrieben werden kann: ....54. Es verbleibt die Addition von 81 zu 2718, diese ergibt 2799. Die Gesamtlösung ist dann 279 954.
2718 Knoten * 103 = 279 954 Knoten
Ein anderer Weg besteht darin, zuerst die Fläche des Teppichs in m² zu berechnen und das Ergebnis mit 90 000, den Knoten pro m², zu multiplizieren. Dafür ist es hilfreich, Länge und Breite nicht in Zentimetern, sondern in Metern auszudrücken. Die Länge beträgt 302 cm, das sind (302 : 100) m, weil ein Meter aus 100 cm besteht. Wir haben also 3,02 Meter. Die Breite beträgt 103 Zentimeter, das sind (103 : 100) Meter oder 1,03 Meter.

Um die Fläche des Teppichs in Quadratmetern zu erhalten, brauchen wir nur 3,02 mit 1,03 zu multiplizieren. Damit uns die Kommata nicht im Weg sind, ignorieren wir sie. Merken müssen wir uns natürlich, dass beide Zahlen zwei Nachkommastellen hatten, wir also insgesamt vier Nachkommastellen haben werden. Zunächst multiplizieren wir 302 mit 103.

$\quad$ 302 * 103

Wir teilen diese Zahlen auf in

$\quad$ (300 + 2) * (100 + 3)

Jedes Glied aus der ersten Klammer muss mit jedem Glied aus der zweiten Klammer malgenommen werden.

$\quad$ (300 + 2) * (100 + 3) =
$\quad$ 300 * 100 +

300 * 3 +
2 * 100 +
2 * 3

Wir haben 30 000, dann 900, dann 200 und dann 6. Die Addition ist einfach, weil es kaum Überträge gibt.
30 000 + 1100 + 6 = 31 106.
Schon kommen unsere vier Nachkommastellen zum Einsatz. Wir setzen das Komma vor der viertletzten Ergebnisziffer. Aus 31 106 wird 3,1106. Das Ergebnis gibt die Anzahl der Quadratmeter unseres Teppichs wieder.
Jetzt wird nur noch mit den 90 000 Knoten pro m^2 multipliziert.

3,1106 * 90 000

Wir vereinfachen schrittweise. Die erste Zahl (3,1106) nehmen wir mit 10 mal. Das geht ganz einfach durch das Verschieben des Kommas um eine Stelle nach rechts. Die zweite Zahl (90 000) teilen wir durch 10, indem wir eine Null streichen. Das Ergebnis wird durch diese Vereinfachung nicht verändert. Wir machen die eine Zahl klein und die andere um denselben Faktor größer. Statt der Ausgangsaufgabe 3,1106 * 90 000 erhalten wir

31,106 * 9000

Dann vereinfachen wir erneut in gleicher Weise und erhalten

311,06 * 900

Die nächste Vereinfachung liefert

3110,6 * 90

und die letzte

31 106 * 9

Ganz anders als vor unserer Vereinfachung, oder? Obwohl es dieselbe Aufgabe ist, wirkt sie leichter. Das liegt einerseits daran, dass wir kein Komma mehr haben, aber auch an der einstelligen 9.

Rechnen müssen wir jetzt immer noch, doch während bei unserer Ausgangsaufgabe der eine oder andere vielleicht wenig Lust verspürt, sie im Kopf zu rechnen, lädt die vereinfachte Version doch geradezu dazu ein!

Wir können jetzt eine Überkreuzmultiplikation anwenden, die besonders einfach ist, weil eine der zu multiplizierenden Zahlen nur einstellig ist. Lösen wir die Aufgabe also schrittweise im Kopf. Zunächst wird die 9 mit der Einerstelle von 31 106 multipliziert.

9 * 6 = 54

Die 4 stellt die Einerstelle der Lösung dar, die 5 der 54 ist der Übertrag für die Zehnerstelle, die Sie sich bitte im Kopf merken.

Für die Berechnung der Zehnerstelle der Lösung multiplizieren wir erst die Zehnerstelle mit 9 und addieren das Ergebnis dann zum gemerkten Übertrag von 5.

9 * 0 = 0
5 + 0 = 5

Damit haben wir die Zehnerstelle der Lösung gefunden. Einen Übertrag gibt es nicht. So geht es jetzt immer weiter. Immer erst die jeweilige Stelle mit 9 multiplizieren, den Übertrag merken und bei der nächsten Stelle dazuaddieren.

Hunderterstelle:
9 * 1 = 9
0 + 9 = 9

Damit haben wir die Hunderterstelle der Lösung gefunden. Einen Übertrag gibt es nicht.

Tausenderstelle:
9 * 1 = 9
0 + 9 = 9

Damit haben wir die Tausenderstelle der Lösung gefunden. Und wieder gibt es keinen Übertrag.

Zehntausenderstelle:
9 * 3 = 27
0 + 27 = 27

Mit der 7 haben wir die Zehntausenderstelle der Lösung gefunden. Es verbleibt ein Übertrag von 2.
Für die Berechnung der Hunderttausenderstelle der Lösung brauchen wir zum Übertrag von 2 nichts mehr zu addieren, weil wir alle Stellen der Zahl 31 106 abgearbeitet haben. Das Ergebnis – oder einfacher: der Übertrag selbst – ist die Hunderttausenderstelle der Lösung.
Jetzt brauchen wir nur noch die gefundenen Stellen zusammenzusetzen und erhalten 279 954.
Das hätten Sie nicht gedacht, dass es selbst in unserem Kaf-

feefahrtkapitel noch so viel zu rechnen gibt? Ich hoffe, es hat Sie auch für Ihre nächste Verkaufsveranstaltung gerüstet. Auf Ihrer nächsten Reise kommen Sie vielleicht auch mal in eine Papyrus-Fabrik, eine Kräuter-Apotheke oder eine Schnapsbrennerei. Kaufen müssen Sie hier übrigens nichts.

Aufgaben

1. Wie lange würde unsere Knüpferin für meinen 4 m langen und 3 m breiten Wohnzimmerteppich brauchen, wenn sie nicht eine schnelle, sondern eine sehr langsame Knüpferin (= 9000 Knoten pro Tag) wäre?

2. Wie viele Knoten hat ein Teppich mit einer Knotendichte von 160 000 Knoten pro m², der 296 cm breit und 378 cm lang ist?

40° | **Newark**
New Jersey, USA
40° 44′ 8″ N
74° 10′ 21″ W
Breite: 40,735657°
Länge: –74,172367°

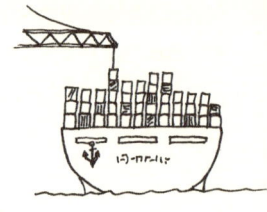

Containerschiffe beladen

Ohne die Erfindung, die der amerikanische Farmerssohn und Spediteur Malcolm McLean machte, wäre unsere globalisierte Welt vielleicht niemals in Schwung gekommen. Über 5000 Containerschiffe schippern auf unseren Gewässern herum. Heute kann und wird praktisch alles per Container verschifft, egal ob Mangos oder Autoteile.

Schon als McLean in den 1930er Jahren noch selbst hinter dem Steuer seines Trucks saß, fiel dem jungen Amerikaner auf, wie umständlich das Ent- und Beladen in den Häfen vor sich ging. Einmal fuhr der Selfmade-Unternehmer die ganze Nacht durch, um eine Baumwoll-Ladung rechtzeitig an den Hafen von Jersey City zu bringen. Er schaffte es, pünktlich zu sein, doch die Hafenarbeiter waren noch gar nicht bereit, seinen Lkw zu entladen. Einen ganzen Tag wartete er und beobachtete, wie sie Kisten, Fässer und Ballen per Hand abluden und wieder verluden. Während er so wartete, wünschte er sich, dass sein Anhänger einfach hochgehoben und auf das Schiff verladen werden könnte. Diese Idee sollte das Transportgeschäft revolutionieren.

Als er Anfang der fünfziger Jahre des 20. Jahrhunderts keine Reederei fand, die seine Idee umsetzten wollte, verkaufte er kurzerhand seine Spedition und wurde Reeder. 1956 lief die Ideal X, ein umgebauter Öltanker, mit 58 Blechcontainern an Bord aus dem Hafen von Newark in New Jersey aus. 1966 erreichte das erste Containerschiff Deutschland. McLeans »Fairland« legte in Bremerhaven an.

Weil der Container in den USA erfunden wurde, ist die Größe in Foot festgelegt. Der Standard-Container ist 20 Fuß lang und jeweils 8 Fuß breit und hoch. Das entspricht einer Länge von 6,096 Metern und einer Höhe und Breite von 2,4384 Metern. Denn:

1 Foot = 0,3048 m

Dieser 20-Fuß-ISO-Container oder TEU (= Twenty Foot Equivalent Unit) darf mit 21 750 Kilogramm beladen werden.

Die 58 Container auf der Ideal X waren nur der Anfang. Das heute weltgrößte Containerschiff, die »Maersk Mc-Kinney Møller«, kann 18 270 Container transportieren. Das sind 315-mal so viele wie auf der Ideal X. Es besitzt 1800 Kühlanschlüsse, von den 18 270 Containern können also 1800 gekühlt werden. Seine Tragfähigkeit beträgt 194 153 Tonnen.

Noch ein paar Zahlen, die wir aber nicht zum Rechnen brauchen werden: Das Schiff ist 399 Meter lang und 59 Meter breit. Unter Deck können 21 Container nebeneinandergestapelt werden, an Deck 23 nebeneinander. An Deck werden in der Regel sechs bis zehn Container aufeinandergestapelt.

Schwergewichte

In diesem Kapitel kreist noch mal alles ums Gewicht. Milligramm und Gramm haben wir schon abgehakt, und über Kilos kann gar nicht häufig genug gesprochen werden. Diesmal wenden wir uns allerdings der Elefanten-Kategorie der Gewichte zu, den Tonnen und Containern.

Dass eine Tonne 1000 Kilogramm entspricht, zählt für einige zur Allgemeinbildung, andere geraten an dieser Stelle schon ins Straucheln. Dabei lassen sich Gewichte eigentlich ganz einfach merken. Alles geht wunderbar in Tausenderschritten.

1000 Milligramm = 1 Gramm
1000 Gramm = 1 Kilogramm
1000 Kilogramm = 1 Tonne

Nur der amerikanische Container passt nicht in das metrische System.

Wie viele Container kommen mit? Grob gerechnet

Schiffe beladen ist angesagt! Was wir gleich so en passant betreiben werden, ist in der Realität eine hochkomplexe Angelegenheit. Wir werden also einige Vereinfachungen vornehmen.

Und zwar gehen wir zuerst einmal davon aus, dass die 21 750 Kilogramm das maximale Bruttogewicht eines vollbeladenen TEU-Containers ausmachen, und ignorieren, dass der Container selbst auch noch mal 2300 Kilogramm wiegt. Wir schicken unsere Schiffe außerdem nur mit 20-Foot-Containern auf die Reise. 30-, 40-, 45-, 48-, oder 53-Foot-Container gibt es nämlich auch noch. Doch mit dem Standard-Container sind wir auf der sicheren Seite.

Im ersten Schritt berechnen wir, wie viele Container zum Einsatz kommen, wenn wir jeden Container maximal beladen und auch die Tragfähigkeit des Schiffs voll ausschöpfen.

Die Fragestellung lautet also: Wie viele maximal beladene Container ergeben 194 153 Tonnen oder 194 153 000 Kilogramm?

Zuerst sammeln wir wieder die Angaben, die wir für unsere Ermittlung brauchen:

1 Tonne = 1000 Kilogramm

1 TEU darf mit 21 750 Kilogramm beladen werden.

Die »Maersk Mc-Kinney Møller« kann mit 18 270 Containern und einem Gewicht von 194 153 Tonnen beladen werden.

Die Division in Kilogramm-Einheiten, also 194 153 000 : 21 750, ist wegen der vielen Stellen etwas knifflig, will man sie im Kopf lösen. Vereinfachen lässt sie sich, indem man mehrere, aber dafür kleinere Schritte geht.

Wir beginnen mit der sogenannten Größenordnung. Ich selbst finde es bei der Division von großen Zahlen immer hilfreich, zuerst zu wissen, wo ich von der Stellenzahl her gesehen landen werde, statt einfach so draufloszuteilen. Wir wenden hier einen kleinen Trick an.

Generell ist eine n-stellige Zahl (Dividend) geteilt durch eine m-stellige Zahl (Divisor) immer entweder $n - m$ oder n – m + 1-stellig. Es gibt also immer nur genau zwei Möglichkeiten: Gewinnt der Divisor, also die unter dem Bruchstrich stehende Zahl, durch die wir teilen, hat das Ergebnis n – m Stellen. Gewinnt dagegen der Dividend, die Zahl, die geteilt wird, oder kommt es zu einem Unentschieden, hat das Ergebnis n – m + 1 Stellen.

Unser Dividend 194 153 000 hat neun Stellen (n = 9) und unser Divisor 21 750 fünf Stellen (m = 5). Damit hat das Ergebnis entweder

9 – 5 = 4 oder
9 – 5 + 1 = 5 Stellen.

Um zu entscheiden, ob wir vier oder fünf Stellen haben, legen wir Dividend und Divisor einfach direkt untereinander:

194 153 000
21 750

Schauen Sie auf die Anfangsziffern der beiden Zahlen. Welche ist größer? Entweder gewinnt der Dividend oder der Divisor. Die größere Ziffer macht immer den Stich.

Die erste Ziffer von links beim Dividenden ist eine 1. Die erste Ziffer von links beim Divisor ist eine 2. Damit haben wir schon in der ersten Runde eine klare Entscheidung. Der Divisor hat gewonnen. Das Ergebnis hat n – m = 4 Stellen.

Manchmal geht die erste Runde unentschieden aus, weil etwa beide Zahlen vorne mit der gleichen Ziffer beginnen. Dann wird mit der zweiten Stelle sofort eine neue Runde eingeläutet. Es geht so lange weiter, bis entweder der Dividend oder der Divisor den Stich gemacht haben.

Und manchmal fällt auch einfach gar keine Entscheidung. Das ist zum Beispiel der Fall, wenn eine Zahl 110 und die andere 11 ist. Wenn ich einfach von links durchgehe und vergleiche, welche Ziffer größer ist, habe ich erst ein Unentschieden bei den beiden Einsen, dann noch mal ein Unentschieden bei den nächsten beiden Einsen, und dann habe ich schon nichts mehr zum Vergleichen. Unentschieden also!

In unserem Beispiel hat aber der Divisor das Rennen gemacht, deshalb hat das Ergebnis $n - m = 9 - 5 = 4$ Stellen. Das Ergebnis muss also etwas kleiner als 10 000 (denn 10 000 ist fünfstellig und damit schon zu groß) und größer oder gleich 1000 sein.

Wir können auch auf eine andere Weise herausfinden, dass die gesuchte Zahl tatsächlich vierstellig sein muss. Nämlich indem man 21 750 * 10 000 nimmt. 10 000 ist ja die niedrigste fünfstellige Zahl. Da 217 500 000 größer als 194 153 000 ist, muss die gesuchte Zahl logischerweise vierstellig sein.

Schauen Sie jetzt beim nächsten Schritt einfach nur auf die ersten drei Ziffern von 217 500 000 und 194 153 000. Dann sehen Sie nämlich, dass der 194 rund 10 Prozent fehlen, um zur 217 zu werden.

Ganz grob haben wir also nur durch den Vergleich der beiden Zahlen ausgerechnet, dass etwa 9000 Container maximal beladen werden könnten.

Denn mit 10 000 Containern à 21 750 Kilogramm kämen wir auf ein Gesamtgewicht von 217 500 000 Kilogramm. Tatsächlich dürfen wir das Schiff aber nur mit 194 153 000 Kilogramm beladen. Da wir wissen, dass der 194 etwa

10 Prozent fehlen, um zur 217 zu werden, überlegen wir, dass wir nicht 10000, sondern etwa 9000 Container einsetzen müssen.

Wie viele Container brauchen wir?
Genau gerechnet

Als Kopfrechner würde ich mir die Divisionsaufgabe erst einmal vereinfachen, wenn es jetzt ans genaue Ausrechnen geht.

194153000 : 21750

wird zu

194153 : 87

Warum darf ich das machen? Ich teile Dividenden und Divisor jeweils durch 1000, um die Zahlen zu verkleinern. Einmal streiche ich drei Nullen, das andere Mal verschiebe ich das Komma um drei Stellen nach links. Ich erhalte 194153 und 21,75.
Jetzt stören mich aber auch die Zahlen hinter dem Komma. Zum Glück haben wir hier aber den günstigen Umstand, dass durch eine Multiplikation mit 4 die Nachkommastellen wegfallen. Das liegt daran, dass 0,75 * 4 = 3 ist. Im Einzelnen rechne ich also: 21 * 4 ergibt 84 und 0,75 * 4 ist 3, macht zusammen 87.
Die 4 ist die niedrigste Zahl, mit der ich hier arbeiten kann.

Denn sowohl bei 2 als auch bei 3 wäre hinter meinem Komma etwas stehengeblieben. Hätte ich nur mit 2 multipliziert, hätte ich 2 * 21,75 = 43,5. Eine Kommastelle wäre also noch übriggeblieben. Mit 3 wäre es noch schlimmer. Dann hätte ich weiterhin zwei Nachkommastellen, und nichts wäre gewonnen: 3 * 21,75 = 65,25. Das Ziel, den Divisor zu verkürzen, also ihm Stellen abzuringen, wäre hier verfehlt.

Teile ich eine Zahl durch eine mit 4 malgenommene Zahl, muss ich das Ergebnis natürlich zum Schluss wieder mit 4 malnehmen.

Die gerade vorgenommene Vereinfachung ist auch für das Gedächtnis ökonomisch. Ich brauche mir nur die 87 zu merken, die ich ja wegen der 21,75 quasi sehe.

Die schriftliche Division sieht so aus:

```
194 153 : 87 = 2231 Rest 56
174
―――
 201
 174
 ―――
  275
  261
  ―――
   143
    87
   ―――
    56
```

Wir schauen, wie oft die 87 in die 194 geht, stellen fest, dass es zweimal ist, und nehmen die 2 als erste Ergebnisstelle. 194 − 174 (= 2 * 87) = 20. Wir ziehen die 1 von oben runter und hängen sie an die 20, prüfen dann, wie oft die 87 in die 201 geht. Das ist zweimal der Fall. Die zweite Ergebnisstelle ist ebenfalls eine 2. 201 − 174 (Anhängen der 1 an die 20 weniger 2 * 87) = 27.

Dann: 275 − 261 (Anhängen der 5 an die 27 weniger 3 * 87) = 14, und zum Schluss 143 − 87 (Anhängen der 3 an die 14 weniger 87) = 43 + 13 = 56. Die Ergebnisstellen lauten insgesamt 2231. Etwas mehr als ein halber Container ($\frac{56}{87}$) bleibt übrig.

Jetzt rechnen wir alles mal 4.

$$2231 * 4$$
$$= (2000 + 200 + 30 + 1) * 4$$
$$= 8000 + 800 + 120 + 4 = 8924$$

Auch den halben Container, den wir übrig haben, nehmen wir mal 4 und bekommen 2 ganze Container. Insgesamt haben wir 8926 Container.

Wie schwer darf ein Container sein?

Wir ändern die Aufgabenstellung und berechnen, wie viel Gewicht ein Container hat, wenn alle Container genutzt werden. Wir beladen also diesmal nicht jeden Container mit seinem maximalen Gewicht, sondern schauen, wie viel Gewicht in jeden Container kommt, wenn wir alle zugelassenen Container einsetzen und wir das zugelassene Transportgewicht des Schiffs voll ausschöpfen.

Wieder geht es um ein riesiges Schiff der gleichen Reederei. Die »Emma Maersk« darf 15 500 TEU laden. Sie ist 56,4 Meter breit und 397,7 Meter lang. Ihre Tragfähigkeit beträgt 156 907 Tonnen. Bis zu 22 Container können nebeneinander verladen werden. Bis zu 11 Containerlagen sind innen möglich, auf Deck bis zu 9.

Jeder der 15 500 TEU-Container wird von uns jetzt exakt gleich beladen. Obwohl wir wissen, dass die Container selbst 2300 Kilogramm wiegen, ignorieren wir das erst mal. Es geht also darum, 156 907 Tonnen auf 15 500 Container zu verteilen. Auch bei der Division

$$156\,907 : 15\,500$$

machen wir uns erst daran, die Größenordnung des Ergebnisses festzunageln.

Teilt man eine sechsstellige durch eine fünfstellige Zahl, erhält man ein ein- oder zweistelliges Ergebnis. Probieren wir das Vergleichsspiel. Gewinnt der Dividend oder der Divisor?

$$156\,907$$
$$15\,500$$

Obwohl sich das Rennen erst in der dritten Runde entscheidet, fällt auf den ersten Blick auf, dass 156 größer als 155 ist. Das Ergebnis ist zweistellig, weil der Divisor (15 500) gegenüber dem Dividenden (156 907) kleinere Anfangsziffern aufweist. Es gilt: $n - m + 1$. Oder $6 - 5 + 1 = 2$.

Machen wir den Test mit einer Multiplikation! Wir nehmen 15 500 mit der kleinsten zweistelligen Zahl mal und sehen, dass 15 500 * 10 ein wenig kleiner als 156 907 ist, nämlich 155 000.

Auf diese Weise gelingt es uns, abzuschätzen, dass es etwas mehr als 10 Tonnen, nämlich rund 10,1 Tonnen pro Container sein müssten. Denn 156907 ist rund 1 Prozent mehr als 155000. Bei 155000 Tonnen sind 1550 Tonnen 1 Prozent.

$$155\,000 + 1550 = 156\,550$$

Das kommt schon recht nah ran an unsere 156907.
10,1 Tonnen = 10100 Kilogramm
Mit diesem Gewicht könnten wir die Container beladen, wenn alle Container mit auf das Schiff sollen, aber die maximale Tragfähigkeit von 156907 Tonnen nicht überschritten werden darf. Somit darf jeder der 15500 Container nur knapp bis zur Hälfte, nämlich mit rund 46 Prozent des zulässigen Gesamtgewichts, beladen werden, damit das Schiff nicht untergeht.

Wenn wir das Container-Eigengewicht von 2300 Kilogramm berücksichtigen, dürfen die Container nicht mehr so voll beladen werden wie zuvor.

Hier ist die Rechnung ganz einfach, weil wir unser letztes Ergebnis, die 10100 Kilogramm, direkt verwenden können. Wir ziehen einfach für jeden einzelnen Container nun noch 2300 Kilogramm ab.

$$10\,100 - 2300 = 7800$$

Die 7800 Kilogramm sind wie die 10100 Kilogramm als Näherungslösung zu verstehen. Wenn wir ganz genau rechnen würden, wären die Lösungen einen Tick größer.

Bleibt zu erwähnen, dass mit 7800 Kilogramm die Container nur rund 36 Prozent ihres Maximalfüllgewichtes aufweisen.

Ein weiteres Schiff wartet darauf, von uns beladen zu werden. Dieses Mal knüpfen wir uns die für die französische

Reederei CMA CGM fahrende »Marco Polo« vor. Vor gar nicht so langer Zeit war sie das größte Containerschiff, bevor die »Maersk Mc-Kinney Møller« an ihr vorbeischipperte. Die »Marco Polo« hat eine maximale Tragfähigkeit von 187 625 Tonnen und kann 16 020 TEUs transportieren. Berechnen wir wieder, wie viele TEUs benötigt werden, wenn wir jeden Container mit dem maximalen Gewicht von 21 750 Kilogramm beladen. Und dann in einem zweiten Schritt, wie schwer jeder Container sein darf, wenn alle Container beladen werden, die maximale Tragfähigkeit aber nicht überschritten werden darf. Vielleicht wollen Sie einmal ohne mich loslegen? Und dann Ihren Rechenweg und Ihre Ergebnisse mit meinen vergleichen? Ich schreibe es noch mal detailliert auf, damit Sie genau vergleichen können. Doch natürlich können Sie auch anders rechnen, wenn Sie mögen.

Wieder geht es mit einer Schätzung der Größenordnung los. Wir legen Dividend und Divisor untereinander.

187 625 000
21 750

Da 2 größer als 1 ist, ist das Ergebnis n – m-stellig. 9 – 5 = 4. Sie kennen das alles schon, weshalb ich es verkürzt aufschreibe. Manchmal macht es ja erst klick, wenn man die Erklärung ein paarmal gelesen hat. Die anderen rechnen einfach selbst und vergleichen nur ihr Ergebnis mit meinem.

Multiplizieren wir 21 750 mit der kleinsten vierstelligen Zahl, kommen wir auf 21 750 000. Wir stellen fest, dass 21 750 000 um eine Stelle kleiner ist als 187 625 000. Nehmen wir dagegen mit der ersten fünfstelligen Zahl (= 10 000) mal, kommen wir auf 217 500 000 und liegen über der 187 250 000.

Wir sehen, dass der 187 rund 15 Prozent fehlen, um zur 217 zu werden, und dass wir deshalb etwa bei 8500, oder 85 Prozent von 10 000, landen müssen.

Um zu dividieren, mache ich aus 21 750 wieder 87 und behalte im Kopf, dass ich mein Ergebnis mal 4 nehmen muss.

$$\begin{array}{r} 187\,625 : 87 = 2156 \text{ Rest } 53 \\ \underline{174} \\ 136 \\ \underline{87} \\ 492 \\ \underline{435} \\ 575 \\ \underline{522} \\ 53 \end{array}$$

Ich rechne 187 − 174 (= 2 * 87) = 13, und dann 136 − 87 (Anhängen der 6 an die 13 weniger 1 * 87) = 36 + 13 = 49. Das Ergebnis fängt mit 21... an. 492 − 435 (Anhängen der 2 an die 49 weniger 5 * 87 = 870 : 2) = 92 − 35 = 57 und zum Schluss 575 − 522 (Anhängen der 5 an die 57 weniger 6 * 87 = 6 * (90 − 3) = 540 − 18) = 75 − 22 = 53. Die Ergebnisstellen lauten insgesamt 2156.

Ich habe bei beiden Subtraktionen, 492 − 435 und 575 − 522, jeweils die Hunderterstellen im Kopf weggelassen.

Etwas mehr als ein halber Container ($\frac{53}{87}$) bleibt übrig. Da wir alles mit 4 malnehmen, werden aus diesem halben Container zwei ganze Container. Somit können wir das Schiff mit 2156 * 4 = 8624 und zwei weiteren vollen Containern füllen. Das sind insgesamt 8626 Container.

Wieder wechseln wir die Aufgabenstellung und ermitteln, wie viel Gewicht ein Container haben darf, wenn alle Container genutzt werden. Jeder der 16 020 TEU-Container wird von uns jetzt exakt gleich beladen. Auch ignorieren wir zuerst wieder, dass die Container selbst 2300 Kilogramm wiegen. Wenn Sie die 2300 Kilogramm später berücksichtigen, ziehen Sie pro Container ganz einfach dieses Gewicht von Ihrem Ergebnis ab, um das durchschnittlich erlaubte Containergewicht zu erhalten.

Es geht also darum, 187 625 Tonnen auf 16 020 Container zu verteilen.

$$187\,625 : 16\,020$$

Wie immer machen wir uns erst einmal daran, die Größenordnung des Ergebnisses festzustellen.

Eine sechsstellige durch eine fünfstellige Zahl zu teilen muss ein ein- oder zweistelliges Ergebnis ergeben. Hier ist das Ergebnis zweistellig, weil der Divisor, 16 020, gegenüber dem Dividenden, 187 625, kleinere Anfangsziffern aufweist. 16 ist kleiner als 18. Wir sehen auch, dass die 16 020 mehr als 10-mal in die 187 625 geht, denn 16 020 * 10 ist 160 200. Die gesuchte Zahl ist also größer als 10.

Um das Ergebnis im Kopf zu schätzen, teile ich der Einfachheit halber hier durch 16 statt durch 16 020. Das Ergebnis kann dann später durch 1000 geteilt, das Komma also um drei Stellen nach links verschoben werden.

Noch einfacher wird es, wenn wir die 187 625 zuerst durch 1000 teilen, was grob 187 ergibt. Hier muss man ein bisschen runden, und aus Sicherheitsgründen runden wir lieber ab, damit unser Schiff nicht zu schwer wird. Dann teilen wir die 187 durch 16.

$$187 : 16 = 11{,}6$$
$$\underline{16}$$
$$27$$
$$\underline{16}$$
$$110$$
$$\underline{96}$$
$$14$$

Ich rechne 18 – 16 (= 1 * 16) = 2 und dann 27 – 16 (Anhängen der 7 an die 2 weniger 1 * 16) = 11.

Das Ergebnis fängt mit 11... an. Weil das Ergebnis zweistellig ist, spielt sich der Rest hinter einem Komma ab. 110 – 96 (Anhängen einer 0 an die 11, weil der Dividend zu Ende ist, weniger 6 * 16 = 96) = 110 – 100 + 4 = 10 + 4 = 14. Hier wollen wir aufhören und festhalten, dass das Gewicht 11,6 Tonnen betragen darf.

Mit diesem Gewicht könnten wir die Container beladen, wenn alle Container auf das Schiff sollen, aber die maximale Tragfähigkeit von 187 625 Tonnen nicht überschritten werden darf. Jeder der 16 020 Container darf nur mit gut der Hälfte, nämlich mit rund 54 Prozent, des zulässigen Gesamtgewichts beladen werden, damit das Schiff nicht sinkt.

Bevor ein Kran gleich alles verlädt, lassen Sie uns rasch noch das Eigengewicht pro Container von 2300 Kilogramm berücksichtigen. Denn eigentlich dürfen wir die Container nicht ganz so voll beladen wie berechnet.

Von unseren 11,6 Tonnen oder 11 600 Kilogramm pro Container ziehen wir einfach jeweils 2300 Kilogramm ab.

11 600 − 2300 = 9300

Die 9300 Kilogramm sind wie die 11 600 Kilogramm als Näherungslösung zu verstehen. Auch hier wären die ganz exakten Lösungen etwas größer.
Bleibt zu erwähnen, dass mit 9300 Kilogramm die Container nur rund 43 Prozent ihres Maximalfüllgewichtes aufweisen. Jetzt kann alles verladen werden.
Unser nächstes Ziel liegt auf der anderen Seite des Atlantiks, wir reisen natürlich auf einem Containerschiff mit, und wenn Sie Lust haben, können Sie beim Beladen der »MSC Bettina« helfen, die uns nach Rom bringt.

Aufgabe

Beladen Sie die für die Mediterranean Shipping Company fahrende »MSC Bettina«! Insgesamt 13 798 Standard-Container (TEU) können wir mitnehmen. Die Gesamt-Tragfähigkeit liegt bei 157 092 Tonnen. Im ersten Schritt sollen wieder so viele Container wie möglich mit dem maximal zugelassenen Gewicht beladen werden. Danach reisen alle Container mit, die zugelassen sind, aber nur so weit gefüllt, dass die maximale Tragfähigkeit des Schiffes nicht überschritten wird.
Probieren Sie immer, die Größenordnung des Ergebnisses vorher abzuschätzen!

41° **Rom**
Italien
41° 54′ 10″ N
12° 29′ 47″ O
Breite: 41,902783°
Länge: 12,496365°

Wie unsere Zeitrechnung in die Welt kam

Der Marmor der Prunkbauten am Forum Romanum hat an Glanz verloren. Erste Säulen und Mauern sind eingestürzt und werden als Steinbruch genutzt. Seien Sie also bitte vorsichtig, wenn wir hier über die einst so gepflegten, jetzt aber von Unkraut überwucherten Steinplatten des Platzes laufen. Einige sind locker, und Sie könnten leicht stolpern.
Lange ist es her, dass Cicero hier in Rom seine Reden geschwungen hat. Das ehemalige Imperium ist um das Jahr 500 gespalten in ein Oströmisches Reich unter Kaiser Justinian und einen zerfallenden Westteil, wo der Ostgote Theoderich der Große in Ravenna residiert und der Papst Rom regiert. Wir befinden uns in der dunklen Zeit, die von Historikern als Übergang von der Spätantike zum Frühmittelalter beschrieben wird. Eine Epoche, die auch gerne mit dem Etikett »Völkerwanderung« versehen wird.

Vertrauter als die tatsächlichen Geschehnisse sind uns die Nibelungen und König Artus mitsamt seiner Tafelrunde.

Der Jupiter-Tempel weiter oben auf dem Kapitol ist verfallen, behauptet sich doch das Christentum seit fast 200 Jahren als Staatsreligion. Bei uns, im Norden Europas dagegen, sollte die Christianisierung erst unter Karl dem Großen, also mehr als 200 Jahre später voranschreiten.

Wir sind hier, um den Geburtsort unserer Zeitrechnung anzuschauen. Schon beim Rechnen mit dem Maya-Kalender haben wir gesehen, dass jede Zeitrechnung einen Startpunkt braucht. Bei den Maya ist das die Weltentstehung.

Natürlich scheint es uns heute ganz logisch, dass unser Jahr 1 mit der Geburt von Jesus einsetzt. Danach zu fragen, seit wann es dieses System eigentlich gibt, fällt uns gar nicht ein. Doch nur weil ein Kind in einem Stall geboren wird, beginnt nicht gleich eine neue Zeitrechnung. Auch als Jesus starb, war das Christentum keineswegs eine etablierte Religion. Wer also gab den Startschuss für unsere heutige Art, die Jahre zu zählen?

Der Mönch Dionysius Exiguus (ca. 470 bis 540 unserer Zeitrechnung), dem wir die Jahreszählung seit Anno Domini verdanken, wird auf Heiligenbildern als älterer Mann mit weißem Bart und wenig Haaren gezeigt. Ich stelle ihn mir vor, wie er im Skriptorium seines Klosters an einem Stehpult lehnend die Schriften eines Kirchenvaters vom Griechischen ins Lateinische übersetzt. Sein Gänsekiel kratzt auf dem Pergament, als ihn die Nachricht von Papst Johannes I. erreicht: Er wurde ausgewählt, die Ostertafeln mit den genauen Osterterminen neu zu berechnen. Eine große Ehre!

Dionysius Exiguus war nicht nur Übersetzer, sondern auch Komputist. Ein Begriff, den man kaum zu erklären braucht, das Wort Computer leitet sich aus dem Lateinischen »computare« ab. Komputisten berechneten den Kalender, und hier vor allem das Datum für Ostern, den höchsten christlichen Feiertag. Dieses Fest war immer ein bisschen vertrackt, hing der Termin doch wegen der Auferstehung Christi in den Tagen des Pessachfestes vom jüdischen Kalender ab.
Dionysius erhielt also den Auftrag, die Ostertermine für die nächsten 95 Jahre zu errechnen, da die bisher verwendeten Ostertafeln ausliefen. Wie damals üblich, hatte man für die alten Tafeln den Beginn der Regierungszeit von Kaiser Diokletian (284 n. Chr.) als Bezugspunkt gewählt. Doch Dionysius weigerte sich, die Ostertafeln mit dieser Jahreszählung fortzuschreiben, gerade Diokletian war ja als Gegner und Verfolger der Christen bekannt. Stattdessen wählte er die Geburt Jesu als Bezugspunkt für seine neuen Osterdaten.
Dessen genaues Geburtsjahr war damals jedoch nicht bekannt, musste also erst errechnet werden. Dionysius ging von folgenden Annahmen aus: Jesus ist vor rund 500 Jahren gestorben, das wusste man. Und man nahm an, dass seine Auferstehung an Ostern auf einen 25. März fiel und dass er einunddreißig war, als er starb. Mit diesen Eckdaten tüftelte Dionysius mit Hilfe der alten Ostertafeln den Rhythmus aus, in dem Ostern auf einen 25. März fiel, und kam so auf das Jahr 532.
Wir dürfen uns diese Berechnungen auch deshalb nicht trivial vorstellen, weil Dionysius noch nicht über unsere arabischen Zahlen verfügte, sondern mit den unhandlichen römischen Ziffern rechnete, mit denen schon Addieren

und Subtrahieren ein Abenteuer war, auf das sich nur Spezialisten einließen.

Heute wissen wir, dass die Berechnungen falsch waren, weil die Annahmen nicht stimmten. Weder erwiesen sich die von ihm herangezogenen alten Ostertafeln als korrekt noch die Vermutung, dass die Auferstehung von Jesus an einem 25. März stattfand oder dass er mit 31 starb. Wir nehmen heute an, dass die Berechnung um drei bis sieben Jahre danebenliegt, dass Jesus also in Wirklichkeit zwischen 7 und 3 vor unserer Zeitrechnung geboren wurde. Das bedeutet aber auch, dass wir uns gar nicht im Jahr 2015 befinden, wie wir denken, sondern schon in irgendeinem der Jahre zwischen 2018 und 2022!

Dabei hat es lange gedauert bis sich der neue Bezugspunkt durchsetzte. Erst mal passierte nämlich gar nichts. Denn egal, wie weit wir in die Vergangenheit zurückschauen, immer dienten die Herrschaftsjahre der jeweiligen Regenten als Datierung.

So verfuhren einst die Babylonier, und auch die Ägypter zählten wieder von vorne, wenn ein neuer Pharao dran war. Die Griechen datierten gerne nach den Olympiaden, während die Römer zusätzlich zu den Herrschaftsjahren der Kaiser oder Konsuln die Gründung Roms als Bezugspunkt kannten. Auch Päpste, Bischöfe, Kaiser und Könige zählten die Jahre ab dem Beginn ihrer Amtszeit oder Herrschaft. Nur die Juden rechneten immer kontinuierlich seit der Entstehung der Welt, wie sie das Alte Testament kennt. Dionysius änderte daran erst mal nichts. Auch die Kirche schloss sich seiner Jahreszählung nicht auf Anhieb an.

Erst der englische Mönch Beda Venerabilis griff die Idee

von Dionysius rund 200 Jahre später wieder auf und verwendete sie für seine »Kirchengeschichte des englischen Volkes«. Die neue Art der Jahreszählung verbreitete sich von England aus über den Kontinent. Um das Jahr 1060 sprang endlich auch die Kirche in Rom auf den Zug auf. Parallel jedoch benutzte man immer noch die Zählung seit der Welterschaffung oder nahm andere wichtige Ereignisse, um Dokumente und Geschichten zu datieren. »An Michaelis im Jahr nach der großen Flut«, so klingt eine typische Datierung aus dem Mittelalter.

Gerade als die neue Jahreszählung dabei war, sich zu etablieren, gab es ein neues Problem: Wie sollte die Zeit vor Christi Geburt datiert werden? Hier hantierten die Komputisten immer noch am liebsten mit der Welterschaffung als Startpunkt herum, und wenn zwei von ihnen etwas berechneten, kam selten dasselbe Ergebnis heraus. Wann genau die Welt erschaffen worden war, war eine Interpretationssache, die von vielen Faktoren abhing.

Erst im 17. Jahrhundert setzte es sich durch, dass Jesu Geburt auch als Bezugspunkt für die davorliegende Zeit diente. Ein Fixpunkt in der Mitte, von dem aus in beide Richtungen gerechnet wird, das war etwas völlig Neues.

Erst in der zweiten Hälfte des 18. Jahrhunderts wurde die Schöpfungsära als Bezugspunkt völlig aufgegeben, ungefähr um die Zeit, als in Frankreich die Revolutionäre versuchten, einen neuen Kalender und eine eigene Jahreszählung zu etablieren. Als Jahr 1 wurde das Jahr 1792 verankert. Erst als Napoleon den Revolutionskalender wieder abschaffte, hatte sich die von Dionysius erfundene Jahreszählung nach über 1200 Jahren Einführungsphase endlich durchgesetzt.

Mittlerweile ist diese ursprünglich christliche Zeitrechnung nicht nur bei uns, sondern auf der ganzen Welt im Einsatz. Die eigene traditionelle Zeitrechnung existiert in vielen Ländern weiter, kommt aber fast nur noch bei religiösen Feiertagen zum Einsatz. Dass sich der christliche Kalender durchsetzte, liegt neben der Kolonialzeit, in der er in großen Teilen der Welt zwangsweise eingeführt wurde, an der großen Vielzahl von Kalendern, die es beispielsweise in Ländern wie Indien oder Indonesien gibt. Damit man sich auf nichts Neues einigen musste, behielt man den Kalender der Kolonialherren bei.

In unserer heutigen schnelllebigen Zeit würde sicher auch einiges durcheinandergeraten, müsste ständig erst das Datum umgerechnet werden. Nicht nur unser Computer wäre ganz schön am Ackern – alltägliche Dinge wie Flugpläne oder Telefonkonferenzen mit Teilnehmern aus mehreren Ländern brauchen nun mal eine einheitliche Zeitrechnung. So praktisch das Einheitliche auch ist, interessant wird es natürlich, wenn unterschiedliche Kalender und damit Zeitrechnungen nebeneinander existieren. Die Indonesier beispielsweise leben gleichzeitig nach unserem westlichen, dem muslimischen und dem javanesischen Kalender. Zur selben Zeit spazieren sie also durch das Jahr 2015, befinden sich 1436 nach der Hidschra und können noch dazu das Jahr 1937 erleben, das die aus Indien stammende Saka-Epoche anzeigt. Dass es dort immer jede Menge umzurechnen gibt, liegt auf der Hand!

Aufgaben

1. Verweilen wir gedanklich noch etwas auf Java, der Hauptinsel Indonesiens. Die Jahreszählung nach der Saka-Periode ist besonders einfach, denn sie orientiert sich an unserem Kalender. Sie läuft also parallel zu der bei uns verwendeten Jahreszählung, nur muss immer 78 abgezogen werden. Selbst diejenigen, die sich bisher beim Kopfrechnen ausgeklinkt haben, schaffen das spielend!
Wir wollen das mit meinem Geburtsjahr, also 1966, einmal testen:
1966 – 78 = ?

2. Schon etwas komplizierter ist es, unsere Zeitrechnung in die muslimische umzurechnen. Das liegt daran, dass der islamische Kalender ein Mondkalender ist, das Jahr also zehn bis elf Tage kürzer ist als unseres, und es dadurch zu Verschiebungen kommt, die sich über einen langen Zeitraum summieren. Zum genauen Umrechnen braucht man deshalb eine Tabelle. Wenn die islamische Zeitrechnung also im Jahr 622 nach unserer Zeitrechnung beginnt, als Mohammed von Medina nach Mekka übersiedelte, wir heute das Jahr 2015 nach christlicher Zeitrechnung, aber das islamische Jahr 1436 haben: Zu welcher Anzahl an Jahren hat sich die durch den Mondrhythmus bedingte Verschiebung schon summiert?

3. Wir verlassen Java und machen einen Sprung nach Thailand, wo ebenfalls eine buddhistische Zeitrechnung im Einsatz ist. Allerdings nimmt man dort nicht die Saka-Periode als Bezugspunkt, sondern den Tod Buddhas im Jahr 543 vor unserer Zeitrechnung. Hier also wieder eine einfache Aufgabe: In welchem Jahr befinden Sie sich gerade nach dem thailändischen Kalender?

4. Die jüdische Zeitrechnung beginnt mit der Erschaffung der Welt, die auf das Jahr 3761 vorchristlicher Zeit datiert ist. Das jüdische Jahr beginnt mit dem Monat Tischri im Herbst, und die Jahre sind unterschiedlich lang. Da sie mal länger, mal kürzer sind, passen sie sich unserem Kalender aber immer wieder an. Wenn man einfach umrechnet, kann man allerdings leicht danebenliegen. Wer es also ganz genau wissen will, benutzt bitte eine Umrechnungstabelle. Rechnen Sie jetzt unser Jahr 2015 und Ihr Geburtsdatum in die jüdische Zeitrechnung um!

43° **Pisa**
Italien

43° 43′ 22″ N
10° 24′ 6″ O
Breite: 43,722839°
Länge: 10,401689°

Zahlenfolgen entschlüsseln

Mit dem Bau des Schiefen Turms hatte man in Pisa bereits 1173 begonnen, ihn aber 1185 unterbrochen, als sich die ersten drei Stockwerke zur Seite neigten. Wir sind aber nicht hier, um uns die Baustelle anzusehen, sondern weil Pisa die Heimat der berühmten Fibonacci-Zahlenfolge ist. Und Zahlenfolgen können mindestens genauso spannend und geheimnisvoll sein wie Kerbhölzer oder Knotenschnüre.

Als junger Mann reiste Leonardo von Pisa, auch bekannt als Leonardo Fibonacci, nach Nordafrika, wo sein Vater die Kaufleute der toskanischen Stadt diplomatisch vertrat. Fibonaccis italienische Heimatstadt war damals eine selbständige Republik, so wie auch Genua oder Venedig.

Die Kreuzzüge sind zu diesem Zeitpunkt noch in vollem Gange. Sultan Saladin und Richard Löwenherz haben just in dem Jahr, in dem Fibonacci aus Pisa nach Nordafrika kommt, einen Waffenstillstand im Heiligen Land geschlossen. Der englische König hat in seinem eigenen Reich wichtigere Dinge zu tun, als Jerusalem zurückzuerobern, denn Phillipe Auguste von Frankreich ist dabei, die Normandie und die Länder der Loire an sich zu reißen. Auf dem Rückweg wird Richard von Barbarossas Sohn, Heinrich VI., Kaiser des Heiligen Römischen Reichs, gefangen genommen und auf Burg Trifels gebracht.

Wie sein Vater sollte Leonardo eigentlich Kaufmann werden. Doch im heute algerischen Bejaia kam er mit den arabischen Zahlen und der arabischen Weise zu rechnen in Berührung. Für Europa damals etwas völlig Neues! Denn bei uns rechnete man im zwölften Jahrhundert noch immer mit den unhandlichen römischen Zahlen und dem Abakus. Auch die Null kannte man noch nicht.

Zurück in Italien, wurde aus dem Kaufmannssohn einer der bedeutendsten Mathematiker des Mittelalters. In seinem Hauptwerk, ›Liber Abacci‹, gedachte er, dem Abendland die Überlegenheit der arabischen Ziffern über die römischen Ziffern zu beweisen. Es geht in seinem Buch aber auch um kaufmännisches Rechnen, Zinsen, Preise und Währungen, um Brüche und die Grundrechenarten.

Die berühmteste Aufgabe ist das Kaninchen-Beispiel. Ein Kaninchenpaar bringt jeden Monat ein weiteres Kaninchenpaar zur Welt, das wiederum ab seinem zweiten Lebensmonat ebenfalls jeden Monat wieder ein Kaninchenpaar zur Welt bringt. Die Aufgabenstellung lautet, herauszufinden, wie viele Kaninchenpaare es nach einem Jahr gibt, wenn alle Kaninchen überleben und keins wegläuft.

Am Anfang gibt es ein Kaninchenpaar. Im ersten Monat hat dieses Nachwuchs, es gibt also jetzt zwei Kaninchenpaare. Im zweiten Monat hat wieder das Anfangspaar Nachwuchs.

Das zweite Paar ist noch zu jung, es sind dann insgesamt drei Paare. Im dritten Monat haben sowohl das Anfangspaar wie auch das Paar aus dem ersten Monat Nachwuchs. Es kommen zwei Paare hinzu, und insgesamt hoppeln fünf Paare herum. Wieder einen Monat später legen die ersten drei Kaninchenpaare familiär zu, so dass wir insgesamt acht Paare haben. Und so geht es immer weiter, bis wir am Ende des Jahres 377 Kaninchenpaare gezüchtet haben:
1 1 2 3 5 8 13 21 34 55 89 144 233 377
Diese Zahlen heißen Fibonacci-Zahlen, obwohl Fibonacci nicht der eigentliche Erfinder war. Die nach ihm benannte Zahlenfolge war schon den Chinesen, Indern und Griechen bekannt. Eine Zahl dieser Folge ergibt sich aus der Summe ihrer beiden Vorgänger. Die vorderste 1 dient dazu, die Reihe zu initiieren, und war im ›Liber Abacci‹ noch gar nicht zur Stelle.
Warum aber fasziniert genau diese Zahlenfolge die Mathematiker mehr als jede andere? Und warum umweht sie eine solch geheimnisvolle Aura, dass beispielsweise Dan Brown ihr eine Rolle in seinem Thriller »Sakrileg« verschaffte? Die rätselhafte Botschaft, die der ermordete Chefkurator des Louvre hinterlässt, beinhaltet nämlich die berühmte Zahlenfolge. Und mit der umgekehrten Fibonacci-Folge als Zahlencode öffnet der Symbol-Forscher Robert Langdon auch noch einen Tresor.
Die Fibonacci-Zahlen haben einmalige Eigenschaften und lassen sich in verschiedene Richtungen deuten. Zwei dieser Eigenschaften stehen besonders im Vordergrund.
Nicht nur in der Mathematik begegnen uns die Zahlen nämlich, auch in unserer natürlichen Umgebung treten sie

auf. Wenn wir an einer Blume nicht nur schnuppern, sondern die Anzahl ihrer Blütenblätter abzählen, begegnen uns dort häufig Zahlen aus der Fibonacci-Folge. Tannenzapfen, Ananas oder Kakteen überraschen ebenfalls mit Fibonacci-Zahlen.

Ein weiteres Phänomen ist, dass sich der Quotient zweier aufeinanderfolgender Fibonacci-Zahlen im Laufe der Folge immer mehr dem Goldenen Schnitt annähert. Der Goldene Schnitt wiederum gilt als die ideale Proportion schlechthin. Was den Goldenen Schnitt hat, das finden wir schön. Wir sehen ihn in unserer natürlichen Umgebung, er kommt aber auch in Kunst und Architektur zum Einsatz. Er steckt sowohl in der Mona Lisa als auch im Parthenon auf der Akropolis und in vielen anderen Kunstwerken. Definiert ist der Goldene Schnitt so: Eine Strecke ist im Verhältnis des Goldenen Schnitts geteilt, wenn sich die beiden Teilstücke zueinander verhalten wie das längere Teilstück zur ganzen Strecke.

Für uns Menschen heißt das, dass wir nach dem Goldenen Schnitt gebaut sind, wenn die Strecke von unseren Füßen bis zum Bauchnabel im gleichen Verhältnis zu unserer Gesamt-Körpergröße steht wie die Strecke Bauchnabel-Scheitel zur Strecke Bauchnabel-Füße.

Messen Sie mal nach, ob Sie den Goldenen Schnitt haben. Finden Sie heraus, wie lang die Strecke vom Boden zu Ihrem Bauchnabel ist, und dann teilen Sie diese Zahl durch Ihre Körpergröße. Den Goldenen Schnitt haben Sie von der Natur verpasst bekommen, wenn die Strecke vom Boden zu Ihrem Bauchnabel ungefähr 62 Prozent Ihrer Körpergröße beträgt. Ich messe das jetzt bei mir nach. Mein Bauchnabel befindet sich auf einer Höhe von 1,15 m. Meine Gesamtgröße beträgt 1,90 m.

115 : 190

Wir teilen durch 19 und schieben am Schluss der Rechnung das Komma um eine Stelle nach links. Das entspricht einer Division durch 10.

Das Sechsfache von 19 ist 6 * (20 − 1) = 120 − 6 = 114. Von 115 ziehen wir 114 ab, landen bei der 1 und notieren als erste Ergebnisstelle die 6. Die verbleibende 1 ist unerheblich. Wir teilen durch 10 und schließen, dass das Ergebnis etwas mehr als 0,6 ausmacht.

Mein Bauchnabel liegt also bei etwas mehr als 60 Prozent meiner Körpergröße, und ich würde das als goldenschnittig ansehen. Wie sieht es bei Ihnen aus?

Jetzt schauen wir uns an, wie der Quotient der Fibonacci-Zahlen sich im Laufe der Folge immer mehr diesem Goldenen Schnitt annähert. Teilt man beispielsweise die Fibonacci-Zahl 3 durch ihre Vorgängerin 2, dann erhält man 1,5. Die 5 durch ihre Vorgängerin 3 ergibt $1,\overline{6}$. Die 8 geteilt durch die 5 ist 1,6, und die 13 durch die 8 ergibt 1,625. Die 21 durch die 13 ergibt dann $1,\overline{615384}$.

$$\frac{3}{2} = 1,5$$

$$\frac{5}{3} = 1,\overline{6}$$

$$\frac{8}{5} = 1,6$$

$$\frac{13}{8} = 1,625$$

$$\frac{21}{13} = 1,\overline{615384}$$

Die Reihe geht natürlich unendlich weiter. Doch auch mit 1,$\overline{615384}$ ist man schon ganz nah dran an der goldenen Zahl Phi, die 1,618033… lautet und unendlich viele Nachkommastellen aufweist. Achtung: Phi, nicht Pi! Teilt man also bei einer Strecke das längere Teilstück durch das kürzere, dann erhält man genau diese Zahl Phi, wenn die beiden Strecken dem Goldenen Schnitt entsprechend proportioniert sind.

Man könnte also sagen, dass die 2 und die 3 die beiden Strecken abbilden und die 5 dann die Gesamtstrecke ist. Sie könnten das jetzt wieder bei sich nachmessen, indem Sie Ihre längere Teilstrecke, also Strecke Bauchnabel–Füße durch die kürzere, die Strecke Bauchnabel–Scheitel, teilen. Sind Sie nach der goldenen Zahl Phi gebaut?

Wir könnten jetzt bei den Fibonacci-Zahlen weitermachen mit dem Pentagramm oder der Goldenen Spirale. Und vielleicht würden wir auch noch etwas komplett Neues entdecken, was niemand vorher mit den Zahlen in Verbindung gebracht hat. Wer weiß …

Mathematische Folgen bestehen immer aus unendlich vielen Gliedern, die sich nach einem Bildungsgesetz ergeben. Bei den Fibonacci-Zahlen lautet dieses Bildungsgesetz in Worten ausgedrückt: Eine Zahl ist jeweils die Summe ihrer zwei Vorgänger. Es kann auch als Formel ausgedrückt werden, und das machen Mathematiker natürlich am liebsten.

$$f(n) = f(n-1) + f(n-2) \ (n >= 3)$$

Als Anfangswert für f (1) und f (2) wird 1 gesetzt.
Gerne werden solche Zahlenfolgen beispielsweise in IQ-

Tests verwendet. Da will man prüfen, ob Sie in der Lage sind, das Bildungsgesetz der Folge zu durchschauen. Nehmen wir etwas Einfaches:

1 3 5 7 9 11 13 15 17 19 21

Sie erkennen diese Folge vermutlich sehr schnell und verstehen auch das Bildungsgesetz. Es sind einfach die ungeraden Zahlen. Schauen wir uns deshalb eine Folge an, die einen Tick komplizierter ist, nämlich die Dreieckszahlen. Damit gemeint ist eine Zahl, die der Summe aller Zahlen bis zu einer bestimmten Obergrenze n entspricht.

Die Folge sieht dann so aus:

1 3 6 10 15 21 28 36 45 55 ...
D (1) = 1 = 1
D (2) = 3 = 1 + 2
D (3) = 6 = 1 + 2 + 3
D (4) = 10 = 1 + 2 + 3 + 4

Wenn Sie sich von der Schreibweise oben nicht abschrecken lassen, sehen Sie, dass 1 + 2 einfach die Dreieckszahl 3 (D 2) ergeben und 1 + 2 + 3 die Dreieckszahl 6 (D 3).

Um jetzt beispielsweise die zwölfte Dreieckszahl zu finden, würden Sie einfach rechnen:

$$1 + 2 + 3 + 4 + 5 + 6 + 7 + 8 + 9 + 10 + 11 + 12 = 78$$

oder, wenn Sie es sich leichtmachen wollen:

$$= (1 + 12) + (2 + 11) + (3 + 10) + (4 + 9) + (5 + 8) + (6 + 7)$$
$$= 13 * 6 = 78$$

Damit Sie in Zukunft nicht nur die Fibonacci-Zahlen auf den ersten Blick erkennen, zeige ich Ihnen jetzt noch einige andere Zahlenfolgen. Erkennen Sie das Bildungsgesetz, und können Sie die Folgen vervollständigen?

Aufgaben

1. 1 2 4 8 ? ? 64

2. 1 9 25 49 ? ?

3. 1 2 5 13 34 ? ?

4. 2 3 5 7 11 13 ? ?

5. 1 4 9 16 25 36 ? ?

48° | **Paris**
Frankreich
48° 51′ 24″ N
2° 21′ 8″ O
Breite: 48,856614°
Länge: 2,352222°

Woher kommt der Meter?

Notre-Dame und den Louvre hat fast jeder schon gesehen. Auch einen Kaffee in einem der berühmten Cafés auf dem Boulevard Saint Germain haben Sie vielleicht schon getrunken. Doch die meisten Reiseführer überspringen die Sehenswürdigkeit, die wir hier in der Rue Vaugirard 36 bestaunen wollen. Ein Originalmeter aus der Revolutionszeit ist in Marmor in die Hauswand eingelassen. Insgesamt sechzehn dieser Meter waren über ganz Paris verteilt, damit das Volk jederzeit nachmessen konnte. Aber nur der in der Rue Vaugirard ist erhalten geblieben.

Wie oft haben wir in der Schule die Französische Revolution durchgekaut. Geschichte war nie mein Lieblingsfach, trotz der Jahreszahlen, die mich immerhin manchmal haben aufhorchen lassen. Dass auch der Meter, ja unser ganzes metrisches System, ein Kind der Revolution ist, hat niemand erwähnt. Da hätte ich vielleicht doch mal zugehört.

Als die Bastille am 14. Juli 1789 gestürmt wurde, sollen in Frankreich 250 000 unterschiedliche Maß- und Gewichtseinheiten existiert haben. Noch verwirrender war, dass sie oft gleich hießen, aber an jedem Ort und häufig auch für jedes Ding etwas anderes bedeuteten. Die Pariser Elle, die Aune, betrug etwa 74 Zentimeter, die von Nancy 64. Die Elle der Bretagne dagegen brachte es auf 1 Meter 35. Nicht anders sah es auf der anderen Seite des Rheins aus. In Bremen maß die Elle etwa 55 Zentimeter, im benachbarten Oldenburg dagegen schon 58 Zentimeter. In Hamburg hatte die kurze Elle 57 und die lange Elle fast 69 Zentimeter. In Bayern betrug die Elle etwas über 83 und in Halle an der Saale etwa 60 Zentimeter.

Nehmen wir an, ich käme aus Marseille, wo man mit einer Elle von 1,20 Meter rechnete, und wollte in Nancy 5 Ellen Stoff einkaufen. Das wären in Meter umgerechnet 6 Meter (1,20 * 5). In Nancy rechnete man mit einer Elle von 64 Zentimetern. Solange ich gleichzeitig die Angaben in Zentimetern habe, wie wir jetzt, ist die Umrechnung nicht allzu schwer. Ich teile einfach 6 Meter durch 64 Zentimeter und weiß, dass ich 9,375 Nancy-Ellen kaufen muss.

Nur haben wir es uns etwas leichtgemacht, denn die Zentimeter gab es eben noch nicht. Wie konnte man also von einer Einheit in die andere umrechnen? Eine schwierige Sache. Man wusste nur, dass die eine Elle so und so viel Fuß hatte oder so und so viel Lignes, aber auch da war die Einheit nicht stabil, sondern konnte variieren. Denn was fehlte, war die allgemeingültige Grundeinheit, von der man umrechnen konnte.

Es wird noch verwirrender: Es war nicht unüblich, dass jede Stoffart eine andere Elle hatte. Auch musste die Elle, die beim Großhandel unter Kaufleuten galt, nicht unbedingt dieselbe sein wie die, die über den Ladentisch ging. Oft existierten eine kleine und eine große Elle nebeneinander. Auch war die Elle in der Regel nur das Maß für Tuch. Um eine Entfernung zu messen, hatte man eben Fuß, Schritte oder Meilen. All diese Maße waren unabhängig voneinander festgelegt und bezogen sich nicht aufeinander. Ein Klafter, mit dem Längen gemessen wurden, auf Französisch Toise, hatte sechs Fuß. Ein Fuß bestand aus zwölf Pouce oder Daumen.

Auch hier galt die Regel, dass Fuß nicht gleich Fuß und Meile nicht gleich Meile war. Lesen Sie also in einem alten Text, dass man zehn Meilen laufen musste, um ins Nachbardorf zu kommen, kann das alles Mögliche heißen, wenn Sie nicht wissen, was an diesem Ort zu dieser Zeit als Meile definiert war.

Im Großherzogtum Baden soll es um 1800 herum 112 verschiedene Ellen, 92 Flächenmaße, 65 Holzmaße, 163 Getreidemaße, 123 Eimergrößen, 63 Schankmaße und 80 Pfunde gegeben haben. Bayern nannte 480 unterschiedliche Getreidemaße sein Eigen, bevor 1808 ein einheitliches Maß eingeführt wurde.

Puh! Wer würde da nicht ins Schwitzen geraten? Kein Wunder, dass ein Kaufmannssohn Jahre seiner Ausbildung drauf verwendete, Maße, Gewichte und Währungen auswendig zu lernen. Mich selbst würde die Umrechnerei gar nicht so stören, schlimmer finde ich den fehlenden Standard. Ohne feste Bezugseinheit schwimmt man in einem

Meer von Angaben, ohne die Sicherheit, ans Ziel zu gelangen.

Oft war die für eine Stadt gültige Elle in die Rathausmauer eingeritzt oder in Eisen gegossen. Ein bisschen wie der Meter in der Rue Vaugirard. Das kann man sich beispielsweise am Stephansdom in Wien anschauen und an vielen alten Rathäusern. Eine Messestadt wie Leipzig behalf sich, indem bei der Ratswaage eine Sammlung der Gewichte und Ellenmaße der wichtigsten europäischen Handelsplätze vorrätig gehalten wurde.

Nur zu gut kann man sich aber vorstellen, wohin ein solches Durcheinander und das Fehlen einer festen Bezugsgröße führen. Ständiger Streit war die Folge, weil der Käufer etwas anderes erwartete als der Verkäufer. Ein Fuß, ein Daumen oder eine Elle sind eben keine genauen Maße. Denn wessen Elle galt denn nun?

Kehren wir zu unserer Aufgabe zurück. Natürlich war manche Stadt bedeutender als andere, und wir können uns gut vorstellen, dass sowohl die Kaufleute in Marseille wie auch die in Nancy mit der Pariser Elle vertraut waren. Statt den Meter hätten wir also die Pariser Elle als Standard nehmen können, um 5 Ellen aus Marseille in Ellen aus Nancy umzurechnen.

Wenn wir also wissen, dass

1 Elle von Nancy = 0,86 Pariser Ellen oder

1 Pariser Elle = 1,16 Ellen von Nancy ist und dass

1 Elle von Marseille = 1,62 Ellen von Paris und

1 Pariser Elle = 0,62 Ellen von Marseille ist, könnten wir in einigen Schritten umrechnen.

> 1 Elle von Marseille = 1,62 Pariser Ellen
> 5 Ellen von Marseille = 5 * 1,62 = 8,1 Pariser Ellen
> 1 Pariser Elle = 1,16 Ellen von Nancy
> 8,1 Pariser Ellen = 8,1 * 1,16 = 9,396 Ellen von Nancy

Das war jetzt der langsame Weg. Ist man ein bisschen geübt, geht es auch schneller mit einem zweistufigen Dreisatz:

> 1 Marseille-Elle = 1,62 * 1,16 = 1,8792 Nancy-Ellen
> 5 Marseille-Ellen = 5 * 1,8792 = 9,396 Nancy-Ellen

Es ist natürlich umständlicher als mit dem Meter. Ein einheitliches Bezugssystem spart uns einen Haufen Dreisätze und eine Menge Arbeit.

Doch nicht nur der Bevölkerung machte dieses Wirrwarr zu schaffen, auch der Staat selbst geriet jedes Mal ins Schleudern, wenn es etwas zu vermessen, zu besteuern oder zu verwalten gab. Selbst der wissenschaftliche Fortschritt wurde ausgebremst. Gelehrte aus aller Welt waren gezwungen, die Ergebnisse der Kollegen erst mal umzurechnen, bevor sie sie studieren konnten. Bei all der Umrechnerei mussten sie zusehen, dass die eigentliche Wissenschaft nicht zu kurz kam.

Stellen Sie sich das Chaos in der heutigen Zeit vor! Obwohl 95 Prozent der Welt heute nach dem metrischen System tickt, hat es immer wieder Unfälle gegeben, weil ein entscheidender Teil der Welt, nämlich die USA, auf einem eigenen System besteht. 1999 ging der NASA die Raumsonde Mars Climate Orbiter verloren, weil das Ingenieursteam englische Maße verwendete, das für den Betrieb zuständige Team aber das metrische System. Schlimmer hätte es kommen können, als 1983 eine Boeing 767 mit 22 600 amerikanischen Pfund betankt wurde, statt mit 22 600 Kilo, also mit viel zu wenig Benzin losflog, was aber zum Glück rechtzeitig bemerkt wurde.

Gehen wir zurück nach Frankreich, wo alles begann. Schon 1576, lange vor der Revolution, verlangten die den König beratenden Generalstände, dass es im ganzen Land nur eine Elle, ein Fass, ein Gewicht und ein Maß geben sollte. Doch erst mit der Revolution blies der frische Wind so kräftig, dass der alte überkommene Kram einem System Platz machte, das den Handel und die Kommunikation zwischen Menschen und Völkern vorantrieb. »Allen Menschen für alle Zeiten« sollten die neuen Maße dienen. Und außerdem für Gleichheit und Brüderlichkeit sorgen.

1790 beauftragte die Nationalversammlung die Akademie der Wissenschaften, ein System von einheitlichen Maßen zu entwerfen. Alle Maße sollten von einer Grundeinheit abgeleitet werden, die aber nicht willkürlich festgelegt war. Nicht wie bisher vom menschlichen Körper, sondern von der Erde selbst sollte das neue Maß stammen. Trotzdem sollte die neue Einheit der bisherigen Pariser Elle möglichst nahe kommen, war das doch die richtige Länge, um die Dinge des Alltags abzuwickeln. Der Meter, der Name ergab sich aus dem griechischen Wort Metron, was einfach Maß heißt, sollte der zehnmillionste Teil von einem Quadranten des Erdmeridians sein. Anders ausgedrückt: Die Entfernung zwischen Nordpol und Äquator sollte in so kleine Teile gestückelt werden, dass sie der Pariser Elle möglichst nahe kamen.

Die Wissenschaftler fassten den Plan, einen Teil eines Meridians, nämlich die Strecke Dünkirchen bis Barcelona, zu vermessen und daraus die gesamte Strecke hochzurechnen. Man wusste, dass die Erde zu den Polen abgeflacht ist und am Äquator am dicksten. Um möglichst repräsentative Daten zu erhalten, wollte man genau die Mitte zwischen Pol und Äquator ausmessen.

Und voilà, glücklicherweise lag das eigene Land genau am etwas nördlich von Bordeaux verlaufenden 45. Breitengrad. Da bot es sich förmlich an, einfach eine Strecke des eigenen durch Paris laufenden Meridians zu vermessen. Wie jede Nation, die etwas auf sich hielt, hatte man damals einen durch die Hauptstadt verlaufenden Meridian.

Und noch eine Innovation stand auf dem Plan: Die neue Einheit sollte auf einem Zehnersystem basieren, also dezimal sein. Alle Vielfachen und Bruchteile sollten ebenfalls diesem Zehnersystem unterliegen und aus der Grundeinheit abgeleitet werden.

Dass 10 Zentimeter 1 Dezimeter und 10 Dezimeter auch 1 Meter ergeben müssen, war für die damalige Zeit keineswegs selbstverständlich. Die französischen Längenmaße Daumen (Pouce), Fuß (Pied) und Klafter (Toise) beispielsweise basierten auf einem Zwölfersystem. 1 Fuß bestand aus 12 Daumen. 1 Klafter aus 72 Daumen. 1 Daumen war 2,707 Zentimeter lang.

1792, inmitten der Revolutionswirren, kletterten zwei der bedeutendsten französischen Astronomen in eine Kutsche. Jean-Baptiste-Joseph Delambre rollte von Paris aus nach Norden, Pierre-François-André Méchain gen Süden, von wo sie aufeinander zu messen wollten. Die südliche Strecke war kürzer, aber sie war noch nie vermessen worden, und dort lagen die Pyrenäen. Immer wieder wurden die Männer bedroht, für Spione gehalten oder von Aufständischen festgehalten. Delambre entging nur knapp selbst der Guillotine. Nachdem der König hingerichtet worden war, erklärte Frankreich Spanien auch noch den Krieg, und Méchain saß auf der falschen Seite der Front fest. Und bei alldem sollte man auch noch ganz akkurat messen! Schließlich musste das neue Maß unbedingt stimmen! Die Franzosen hofften, dass andere Länder das neue Maß ebenfalls übernehmen würden. Doch Sie können sich sicher vorstellen, wie begeistert jemand wie der Habsburger Franz II., Kaiser des Heiligen Römischen Reiches, reagierte, dessen Tante Marie Antoinette gerade hingerichtet worden war. Ein Maß aus Frankreich – und dann noch eines, das die Revoluzzer erfunden hatten? »Kommt gar nicht in Frage!«, dachte man überall in Europa. Besonders suspekt fand man, dass die Franzosen nur ihr eigenes Land vermaßen. Und ein kleines Zipfelchen von Spanien, aber da war ja jedem klar, dass das nur eine Art Alibi war.

Genau der kleine Abschnitt in Spanien bereitete dem pingeligen Méchain schon bald Kopfzerbrechen. Irgendetwas schien mit seinen Messungen nicht zu stimmen. Doch bald befand sich Frankreich mit Spanien im Krieg, und er konnte nicht noch einmal auf den Montjuic klettern, den Berg bei Barcelona, der die inkonsistenten Daten lieferte.

Nicht nur lag Frankreich mit dem Rest Europas im Clinch, auch regierte in Paris der berüchtigte Wohlfahrtsausschuss und ließ täglich Köpfe rollen. Méchain entschied sich dafür, seinen »Messfehler« zu vertuschen. Er zögerte seine Rückkehr nach Paris immer weiter hinaus, was dazu führte, dass Delambre und Méchain sieben Jahre brauchten, um den Pariser Meridian zu vermessen. Doch letztendlich lohnte sich die gefährliche Mission für beide Männer. Delambre avancierte zum Sekretär des Bureau des Longitudes, Méchain sogar zum Direktor der Pariser Sternwarte.

Erst nach Méchains Tod entdeckte Delambre die Unstimmigkeiten in den Messergebnissen des Kollegen. Da war der in Platin gegossene Urmeter längst das offizielle Maß des Landes – sehr zum Unwillen der Landsleute. Die Franzosen hatten dem neuen Maß keineswegs zugejubelt, sondern boykottieren es, wo sie konnten. Plötzlich hielten alle an ihren Ellen, Klaftern und Füßen fest. Selbst im eigenen Land war der Meter von Feinden umzingelt.

Sich umzustellen ist natürlich immer erst unbequem. Dass jede Reform Verlierer produziert, habe ich selbst bei der Rechtschreibreform erlebt. Damit es zukünftige Generationen besser haben, wurden alle anderen quasi zu Analphabeten zurückgestuft. Ich zumindest kenne niemanden, der alle Regeln noch mal neu gelernt hat. Erinnern Sie sich noch, wie lange diese Sache damals immer wieder aufkam? Wie sich Schriftsteller dagegen wehrten? So ähnlich stelle ich mir die Einführung des Meters vor.

Und nun denken Sie mal an den armen Delambre, wie er in solch einem aufgeheizten Klima die Aufzeichnungen des Kollegen nachrechnet und erkennt, dass das, was man immer behauptet hatte, gar nicht zutraf, nämlich, dass der Meter ein objektives, vom Erdumfang abgeleitetes Maß ist.

Heute wissen wir, dass der Pariser Meridian etwas länger als 10 000 Kilometer und unser Meter deshalb eigentlich einen Tick zu kurz ist. Ach komm, sagen Sie sich vielleicht, bei so einer Strecke, mitten in der Revolution und mit den alten

Geräten. Wer wird denn da so kleinlich sein? Aber es ging ja eben gerade darum, es ganz genau zu machen. Dieses Ziel hatte man verfehlt.

Schlimmer noch. Eigentlich hatte man mit der ganzen Aktion bewiesen, dass gerade die Erde sich überhaupt nicht eignete, um von ihr ein Maß abzuleiten. Sie ist nämlich bucklig und krumm und an keiner Stelle so wie an einer anderen. Man konnte nicht einfach ein Stück vermessen und dann auf den Rest schließen. Zumindest nicht auf den Millimeter genau.

1811, nur zehn Jahre nach der offiziellen Einführung, schaffte Napoleon das metrische System wieder ab, gegen den Protest der Wissenschaftler, die dem Meter trotz seines kleinen Fehlers treu blieben. Der Kaiser selbst machte sich nie die Mühe, die neuen Maße zu erlernen.

Doch inzwischen hatten andere die Vorzüge des Meters erkannt. Das Großherzogtum Baden, jenes mit den 112 unterschiedlichen Ellen, führte 1810 als erster deutscher Staat den Meter ein. Auch Belgien, Holland und Luxemburg wollten den Meter. In Frankreich kam er 1840 zum zweiten Mal und diesmal endgültig zum Einsatz. Der Norddeutsche Bund, das waren die deutschen Staaten nördlich des Mains unter der Führung Preußens, führte den Meter 1872 ein. Gar nicht so lange her dafür, dass wir uns gar nichts anderes mehr vorstellen können, oder?

Am 20. Mai 1875 unterzeichneten in Paris siebzehn Staaten die Internationale Meterkonvention mit der Zielsetzung, das metrische System einzuführen. In Österreich ging es 1876 los, in der Schweiz 1877. Der 20. Mai ist heute der »Internationale Tag des Messens«.

Der endgültige Siegeszug des metrischen Systems rund um die Welt erfolgte erst nach dem Ersten Weltkrieg. Und fast überall brauchte es eine Revolution, einen Krieg oder einen Umbruch, damit der Meter an den Start gehen konnte. In Russland wurde er nach der Revolution 1922 eingeführt, in China nach der Revolution 1949. Indien wechselte nach dem Abzug der Briten zum metrischen System, Japan und Korea nach dem Zweiten Weltkrieg.

Man hat dem Meter einfach eine neue Definition verpasst. Er gilt heute nicht mehr als der zehnmillionste Teil des Erdmeridianquadranten, sondern als die Strecke, die Licht in einem bestimmten Sekundenbruchteil zurücklegt.

Aufgabe

Meine Elle ist 50 Zentimeter lang, mein Fuß 28 Zentimeter, einer meiner Schritte 70 Zentimeter. Wie sieht es bei Ihnen aus? Messen Sie mal nach! Bei der Elle messen Sie bitte vom Ellenbogen bis zur Spitze des ausgestreckten Mittelfingers. Sie merken schon: Es muss immer dazugesagt werden, wo genau gemessen werden muss. Keine Elle ist eben wie die andere! Und obwohl der Unterarm das ursprüngliche Maß war, hat man sich auch davon wieder wegentwickelt und die Elle etwas größer gemacht.

Jetzt stellen Sie sich vor, Sie wollten 10 Ellen Stoff für einen neuen Vorhang kaufen. Ihr Maß ist Ihre Elle. Ich verkaufe aber nach meiner Elle. Wie viele von meinen Ellen müssen Sie nehmen, um Ihre 10 Ellen zu erhalten?

51° | **Greenwich**
| *Großbritannien*
| 51° 28′ 57″ N
| 0° 0′ 0″ O/W
| Breite: 51,482577°
| Länge: 0°

Wie spät ist es wirklich?

Mal wieder steht ein Rendezvous mit dem Nullmeridian an. Er hält uns ganz schön auf Trab! Der Nullmeridian teilt unsere Welt nicht nur in Ost und West, an ihm ist auch unser die gesamte Welt umspannendes Zeitsystem mit 24 Zeitzonen verankert. Um uns das genauer anzuschauen, sind wir mit ihm an seinem aktuellen Wohnort verabredet.

Stellen Sie sich hier, im Hof des Observatoriums von Greenwich, mal auf beiden Seiten der Linie auf, die den Nullmeridian markiert. Ein Teil von uns steht jetzt auf der östlichen, die anderen auf der westlichen Halbkugel.

Doch weil die Bewegung der Erde um ihre Achse alles andere als regelmäßig ist, verschiebt sich die Erde, und damit ändern sich ganz langsam auch die Koordinaten eines Ortes. Und deshalb ist die Linie im Hof des alten Observatoriums nur noch eine historische Linie und gar nicht mehr der echte Nullmeridian. Der ist nämlich schon wieder umgezogen, um etwa hundert Meter.

In Greenwich beginnend, wechselt die Zeit alle fünfzehn Längengrade um eine Stunde. Fünfzehn Längengrade in einer Stunde ist wiederum nur eine andere Ausdrucksweise für die vier Minuten pro Längengrad, mit denen wir schon in Samoa gerechnet haben.

Wenn auf dem Hügel über der Themse 12 Uhr mittags ist, ist bei uns schon 13 Uhr, in der Zeitzone westlich von Greenwich dagegen erst 11 Uhr vormittags. Aufgrund unseres Zeitsystems wissen wir heute automatisch, wie spät es an jedem beliebigen Ort der Erde ist.

Das war nicht immer so. Am 30. September 1765 beispielsweise bricht Johann Wolfgang Goethe zum Jurastudium auf nach Leipzig. Erst zwei Tage zuvor hat er in Frankfurt seinen sechzehnten Geburtstag gefeiert. Jetzt darf er den Buchhändler Fleischer und dessen Frau in der Kutsche begleiten. Durch die Allerheiligenpforte rollen sie hinaus der Hohen Straße entgegen, dem uralten Weg von Westen nach Osten. Zuvor hat es stark geregnet. Prompt bleibt die Kutsche am dritten Tag mitten in Thüringen im Matsch stecken. Goethe zieht sich eine Verletzung zu, als er mit anpackt, um das Gefährt aus dem Schlamm zu schieben. Erst am vierten Tag erreicht die Reisegesellschaft Leipzig. Und dann stellt der angehende Student den großen Zeiger seiner Taschenuhr um fünfzehn Minuten nach vorne.

Zumindest müsste es sich so ereignet haben. Noch vor 250 Jahren passierte man bei einer derartigen Fahrt nicht nur mehrere Zollgrenzen, jeder Ort lebte auch nach seiner eigenen, an der Sonne ausgerichteten Zeit. Selbst ein paar Kilometer weiter geht die Sonne eben etwas später oder früher auf. In Leipzig war es also schon Mittag, wenn die nach Frankfurter Zeit gestellte Uhr erst Viertel vor zwölf zeigte.

Goethe reiste noch so langsam, dass die unterschiedlichen Ortszeiten keine Rolle spielten. Das änderte sich erst durch das Tempo der Eisenbahnen im 19. Jahrhundert. Wie sollte man einen Fahrplan aufstellen, wenn in jedem Ort eine andere Zeit galt? Stellen Sie sich doch nur vor, wie wir selbst schon durcheinanderkommen, wenn wir in andere Zeitzonen fliegen. Und da geht es meistens nur darum, an einem Ort abzufliegen und an einem anderen mit einer abweichenden Zeit anzukommen. »Wie spät ist es dann da?«, rechnen wir im Kopf hin und her. Selbst bei der jährlichen Umstellung auf die Sommerzeit geraten viele von uns jedes Jahr in Verwirrung und fragen sich, in welche Richtung sie die Uhr verstellen sollen.

Die Bahnen lösten es so, dass sie nach ihrer eigenen Zeit fuhren und die Ortszeit der Städte, in denen gehalten wurde, einfach ignorierten. Doch das schmälerte das Chaos nicht. Im Bahnhof von Pittsburgh in den USA wurden sieben Uhrzeiten angezeigt. Eine Uhr war für die Ortszeit, sechs für die unterschiedlichen Bahnlinien. Züge aus New York fuhren nach New Yorker Zeit, egal, wohin sie gerade unterwegs waren.

Bei uns sah es nicht anders aus. Der Bodensee zählte fünf verschiedene Eisenbahnzeiten, zusätzlich zu den Ortszeiten. Noch 1889 gab es in Deutschland fünf Uhrzeiten. In Bayern tickten die Uhren eben anders als in Preußen oder Württemberg. Die Züge fuhren nach Berliner, Hamburger oder Münchner Zeit, in Österreich dagegen nach Prager Zeit.

Die Engländer bildeten die Vorhut der Standardzeit. Schon

bald richteten sich dort alle Eisenbahnlinien nach dem mittäglichen Kanonenschuss des Observatoriums von Greenwich. Wenig später passte man die Ortszeiten an die Eisenbahnzeit an, so dass Großbritannien das erste Land mit einer einheitlichen Zeit wurde. Die Amerikaner machten es nach und richteten ihre Zeitzonen ebenfalls am Meridian von Greenwich aus. Festgezurrt wurde dieses System auf der Washingtoner Längengrad-Konferenz.

Dabei kommt die Zeit selbst heute nicht mehr aus der Sternwarte auf dem Hügel oberhalb der Themse, auch wenn wir den Begriff »Greenwich Mean Time« noch irgendwie im Hinterkopf haben. Die UTC, die koordinierte Weltzeit, kommt heute aus Paris. Dort sammelt man im Internationalen Büro für Maße und Gewichte die von den Atomuhren aus mehreren Ländern übermittelte Zeit und mischt sie zur UTC.

Um unsere Uhr verstellen zu dürfen, müssen wir bis Griechenland oder Rumänien im Osten und Portugal oder Großbritannien im Westen fahren. Um uns herum leben alle, genau wie wir, nach der mitteleuropäischen Zeit. Auch bei den Serben und Spaniern ist es genauso spät wie bei uns. Auf die Sekunde!

Aber wie kann das sein? Da die Erde sich alle 24 Stunden einmal dreht, macht ein Längengrad doch vier Minuten Zeitunterschied aus?! Fünfzehn Längengrade ergeben eine Zeitdifferenz von einer Stunde. Während es in Wien schon hell ist, herrscht in Zürich noch Dämmerung. In alten Zeiten wäre es in der österreichischen Hauptstadt schon halb eins gewesen, wenn am Zürichsee die Glocken gerade zu Mittag geläutet hätten.

Unsere Uhren spiegeln nicht den genauen Sonnenstand wider. Wir leben in einer konstruierten Zeit.

Wie sieht es also beispielsweise am 25. Februar aus, an dem ich dieses Kapitel schreibe? Da geht die Sonne im spanischen Santiago de Compostela um 8 Uhr 15 auf und um 19 Uhr 19 wieder unter. Hier bei mir in Bonn dagegen zeigt sie sich schon um 7 Uhr 24 und verabschiedet sich um 18 Uhr 06.

Langschläfer sollten demnach besser möglichst weit im Westen unserer Zeitzone wohnen. Dem Langschläfer ist es schließlich wurscht, ob es um 8 Uhr 15 oder um 7 Uhr 24 hell wird, weil er sowieso noch in den Federn liegt. Er freut sich aber, wenn es abends lange hell ist.

Der Osten dagegen ist ein Frühaufsteher-Paradies. In Warschau geht die Sonne am 25. Februar schon um 6 Uhr 29 auf. Knapp eine Stunde früher als in Bonn. Um 17 Uhr 10 ist es dafür dort schon dunkel.

Warschau liegt etwa auf dem 21. Längengrad Ost, Bonn etwas östlich des 7. Längengrads. Eine Differenz von vierzehn Längengraden, von denen jeder Längengrad eine Zeitdifferenz von 4 Minuten bringt. 4 * 14 = 56 Minuten Unterschied zwischen Bonn und Warschau. Bis auf eine kleine Rundungsdifferenz genau das, was wir an den unterschiedlichen Zeiten des Aufgangs und Untergangs der Sonne sehen können. Und in alten Zeiten wäre es in Warschau schon kurz vor eins gewesen, wenn es in Bonn gerade zwölf schlug.

Zwischen Warschau im Osten und Santiago de Compostela im Westen, das sich zwischen 8 und 9 Grad West befindet, liegen knapp 30 Längengrade. Das sollte nach dem

Zeitzonensystem eigentlich fast zwei Stunden Unterschied ausmachen. Die mitteleuropäische Zeitzone hat sich also nicht nur über 15, sondern über fast doppelt so viele Längengrade ausgebreitet.

Jede Zeitzone pendelt um ihren Bezugslängengrad. Nur, wer direkt auf einem solchen lebt, bei dem steht die Sonne wirklich um zwölf Uhr mittags am höchsten. Für unsere mitteleuropäische Zeitzone gilt der 15. Längengrad als Bezugslinie. Die Zeitzone dehnt sich in jeder Richtung genau um 7,5 Längengrade aus.

Der 15. Längengrad kommt im Norden von Schweden, läuft etwas östlich der Oder durch Polen, geht östlich an Prag und westlich an Graz vorbei, läuft dann durch Slowenien und versinkt im nördlichen Kroatien in der Adria. Dann taucht er wieder auf, läuft durch Italien und stürzt etwa bei den Ruinen von Paestum wieder ins Meer, um dann wieder in Sizilien an Land zu gehen. Auf der anderen Seite des Mittelmeers geht es in Libyen weiter.

Streng genommen müsste die mitteleuropäische Zeit von 7 Grad und 30 Minuten Ost bis 22 Grad und 30 Minuten Ost gelten. 7 Grad und 30 Minuten, das ist etwa bei Langeoog (7° 29′), Dortmund (7° 28′), Koblenz (7° 36′), Bern (7° 26′) und Monaco (7° 25′). Auf Langeoog, in Dortmund, Bern und Monaco, genauso wie bei mir in Bonn (7° 6′) müssten wir unsere Uhren streng genommen nach Greenwich-Zeit stellen.

Das gilt natürlich auch für die Kölner und Düsseldorfer, die Holländer, Belgier, Luxemburger und Franzosen. Auch die Westschweiz lebt in der falschen Zeitzone. Und die Bewohner von Santiago de Compostela und alle anderen Spanier essen in Wirklichkeit gar nicht so viel später als wir. Wenn die Uhr dort zehn Uhr abends anzeigt, dann ist es nach dem Sonnenstand in Santiago de Compostela erst etwa halb neun.

Noch verwirrender wird es, wenn wir beachten, dass unsere Tage in Wirklichkeit nicht immer genau gleich lang sind. Auch der gleich lange Tag, den wir kennen, ist ein Konstrukt. Das ignorieren wir aber einfach, sonst wird es zu kompliziert. Die Abweichung beträgt auch nur einige Minuten, und zumindest zur Frühjahrs- und Herbst-Tagundnachtgleiche stimmt genau auf dem 15. Längengrad die auf der Uhr abzulesende Zeit mit dem Sonnenstand überein.

Auch in anderen Erdteilen ticken die Uhren nicht unbedingt richtig. China hat sich beispielsweise dafür entschieden, dass alle Bewohner des Landes die gleiche Uhrzeit haben sollen, obwohl sich das Reich der Mitte über fünf Zeitzonen erstreckt. Die chinesische Standardzeit ist so eingestellt, dass die Zeit in Ballungsgebieten wie Peking und Shanghai mit dem Stand der Sonne übereinstimmt. Die Einwohner der 2-Millionen-Metropole Urumtschi im Westen müssen aber zwei Stunden früher aufstehen, als es eigentlich dem Sonnenstand entspricht. Ganz im Osten Chinas, in der Mandschurei, kann man es dagegen gemächlich angehen lassen und gemütlich zu Pekinger Zeit aus dem Bett klettern, während es im russischen Wladiwostok, knapp 500 Kilometer entfernt, schon drei Stunden später ist.

Wie viele Minuten die Uhrzeiten der größten deutschsprachigen Städte eigentlich auseinanderliegen müssten, und es wohl zur Zeit Goethes auch getan haben, ist beeindruckend. Die größte Differenz besteht zwischen Köln und Wien, nämlich fast 38 Minuten.

Gerade weil wir heute so global leben und scheinbar alle gleichzeitig ticken, finde ich es faszinierend, dass selbst in unserer kleinen Welt, zu der ich hier einmal Deutschland, Österreich und die Schweiz rechne, weil ich vermute, dass Sie in einem dieser Länder leben, jeder Ort eigentlich seine eigene Uhrzeit hat. Nur merken wir es nicht, weil wir es nicht mehr gewohnt sind, uns an der Sonne zu orientieren, und uns lieber von unserem Handy sagen lassen, wie spät es ist.

Haben Sie Ihren Längengrad parat? Sonst googeln Sie Ihre Koordinaten einfach. Dann rechnen Sie bitte aus, wie spät es bei Ihnen nach dem Stand der Sonne ist! Für jeden Längengrad, den Sie östlich oder vermutlich eher westlich des fünfzehnten Längengrads leben, addieren Sie vier Minuten oder ziehen Sie diese ab. Bei meinem Wohnort Bonn (7° 6') haben wir zum Beispiel einen Unterschied von 7° 54' zum 15. Längengrad Ost, also einen Unterschied von 31 Minuten und 36 Sekunden. Der Sonnenstand entspricht um 12 Uhr dann eigentlich 11:28:24 Uhr

 **Aufgabe**

Sachsen-Anhalt brüstete sich in den letzten Jahren in einer Werbe-Kampagne damit, früher aufzustehen als alle anderen deutschen Bundesländer. Die Sachsen-Anhalter

springen nämlich schon um 6 Uhr 39 aus dem Bett, der Durchschnitts-Deutsche jedoch erst um 6 Uhr 47. Stehen die Magdeburger (52° 8′ N, 11° 37′ O) wirklich früher auf als beispielsweise die Stuttgarter (48° 47′ N, 9° 11′ O) oder die Düsseldorfer (51° 14′ N, 6° 47′ O), wenn ausschließlich der Sonnenstand maßgeblich ist? Wir nehmen dafür an, dass die Stuttgarter und die Düsseldorfer sich genauso verhalten wie die Durchschnittsdeutschen.

52° | **Hannover**
Deutschland

52° 22′ 33″ N
9° 43′ 55″ O
Breite: 52,375892°
Länge: 9,73201°

Denken wie ein Computer

Wie es sich für ein Universalgenie gehörte, kümmerte sich Gottfried Wilhelm Leibniz am Hof der Welfen-Herzöge in Hannover ab 1676 in seiner Funktion als Hofrat um allerlei. Er konstruierte Windmühlen im Harz, erforschte die Geschichte der Welfen, setzte juristische Gutachten auf, bemühte sich um die Versöhnung von Protestantismus und Katholizismus und arbeitete in Sachen Philosophie und Infinitesimalrechnung. Sogar Heiratsallianzen schmiedete er. Auch an einer Rechenmaschine tüftelte er herum, und mit Sophie Charlotte, der Kurfürstin von Brandenburg, gründete er die Akademie der Wissenschaften in Berlin.

Zeit seines Lebens arbeitete die Idee in ihm, alle Zahlen mit nur zwei Ziffern auszudrücken. Im Binärsystem, das nur aus Einsen und Nullen besteht, sah er ein Symbol der immerwährenden Schöpfung. Dass alles aus dem Nichts entstand und die Schöpfung ein fortlaufender Prozess war, der von Gott abhing, faszinierte ihn und stimmte auch genau mit seiner Philosophie überein. Dabei gehörte für ihn die Null zum Nichts, zur leeren Tiefe, die Eins gehörte zu Gott.

In einem Brief an den chinesischen Kaiser schrieb er über die Schöpfung, dass zum Beginn des ersten Tages die Eins da war, also Gott. Am zweiten Tag war die Zwei da, denn Himmel und Erde seien während des ersten Tages geschaffen worden. Am siebten Tag schließlich war alles da. Und daran gefiel ihm besonders, dass die Sieben in binärer Schreibweise als 111 abgebildet wurde. Daran, dass es genau drei Einsen waren ohne eine Null, erkannte man die Heiligkeit dieses Tages, davon war Leibniz überzeugt. Und dass es exakt drei Einsen waren, schien ihm auch im Hinblick auf die Dreifaltigkeit bedeutsam.

Leibniz reichte seinen Aufsatz über die Dyadik, wie er das Binärsystem nannte, bei der Académie des Sciences in Paris ein. Dort wurde die Veröffentlichung abgelehnt, weil der Nutzen eines solchen Systems nicht einleuchtete. Erst die zweite Fassung wurde akzeptiert.

Heute können wir darüber herzlich lachen, ohne das Binärsystem würde kein Computer laufen. Von wegen kein Nutzen!

Schauen wir uns nun an, wie das System funktioniert. Dafür liste ich die ersten 17 Zahlen auf. Bitte mal eifrig studieren!

Dezimalzahl	Binärzahl
0	0
1	1
2	10
3	11
4	100
5	101
6	110
7	111
8	1000
9	1001
10	1010
11	1011
12	1100
13	1101
14	1110
15	1111
16	10000

Der Wert der Ziffern Null und Eins hängt von den Stellen ab, auf denen sie stehen. Das ist bei unserem Dezimalsystem nicht anders. Bei uns hängt der Wert davon ab, ob es sich etwa um eine Einer-, eine Zehner- oder eine Hunderterstelle handelt. Eine Eins auf der Einerposition hat den Wert eins, eine Eins auf der Zehnerposition den Wert zehn und eine Eins auf der Hunderterposition den Wert hundert. Im Binärsystem haben wir nicht wie bei uns Einer, Zehner, Hunderter oder Tausender, sondern Einer, Zweier, Vierer, Achter oder Sechzehner und so weiter. Jede Stelle entspricht einer Potenz von zwei. Wenn man die Wertigkeit der Stelle in die oberste Zeile schreibt, sieht es so aus:

8	4	2	1	
			0	ergibt eine 0
			1	ergibt eine 1
		1	0	ergibt eine 2
		1	1	ergibt eine 3
	1	0	0	ergibt eine 4
	1	0	1	ergibt eine 5
	1	1	0	ergibt eine 6
	1	1	1	ergibt eine 7
1	0	0	0	ergibt eine 8

Da das System nur zwei Ziffern hat, benötigt es mehr Stellen. Die Zahlen werden schnell sehr groß. Wenn man allen Einsen die oben stehende Wertigkeit verleiht und sie dann addiert, erhält man die Dezimalzahl. Unsere Fünf besteht beispielsweise aus einer Eins bei der Wertigkeit 4, einer Null bei der Wertigkeit 2 und einer Eins bei der Wertigkeit 1.

$1 * 4 + 0 * 2 + 1 * 1 = 5$

Mit Binärziffern lässt es sich leicht rechnen, deshalb arbeiten alle Computer damit. Sonst wären sie gar nicht in der Lage, die riesigen Datenmengen zu verarbeiten. Alle Daten werden in Zahlen umgewandelt, die aus Nullen und Einsen bestehen. Für den Computer heißt das, dass er nur zwei Zustände zu kennen braucht. Eins: Es liegt eine elektrische Spannung vor. Null: Es liegt keine elektrische Spannung vor.
Leibniz war nicht der Erste und Einzige, dessen Gedanken um das Binärsystem kreisten, obwohl er sein System unabhängig von anderen entwickelte. Doch er war wohl der Erste, der das Potential dieses Systems erkannte und ver-

breitete, ohne das in unserer heutigen Welt nicht mehr allzu viel funktionieren würde.

Auf dem Samt, der seinen Sarg bedeckte, waren auch eine Null und eine Eins abgebildet. Dazu ein Spruch, den ich sowohl für seine Philosophie wie auch für das Binärsystem passend finde: »Alles aus dem Nichts zu entwickeln genügt Eins.«

Dezimalzahlen in Binärzahlen umwandeln im Bausteinprinzip

Um unsere Computer in Zukunft ein bisschen besser zu verstehen, steht jetzt an, uns einmal mit ihrer Denke vertraut zu machen. Vielleicht hilft es Ihnen beim nächsten Absturz, wenn Sie ein paar Zahlen Computerisch sprechen!

Wie rechnen wir das eine in das andere um? Um Dezimalzahlen in Binärzahlen zu verwandeln, könnte man einfach die Zweierpotenzen als Bausteine verwenden und sich zusammensetzen, was man braucht.

Wollen Sie etwa Ihrem Computer sagen: »42«, könnten Sie im ersten Schritt die Zweierpotenzen notieren, aus der Sie Ihre Zahl zusammenbasteln wollen.

32 16 8 4 2 1

Die nächste Zweierpotenz nach 32 ist 64, und die brauchen wir natürlich nicht, um die 42 im Binärsystem darzustellen. Jetzt könnte man einfach die Zweierpotenzen mit Einsen bestücken, um sich die 42 zu basteln. Die Bausteine für 42 sind dann die 32, die 8 und die 2. Die Stellen der 16, 4 und

1 besetzen wir dagegen mit Nullen. Sie werden nicht benötigt. In binärer Schreibweise: 101010. Ihr Computer würde Sie sofort verstehen!

Dieses Verfahren funktioniert, solange Sie die Zweierpotenzen im Kopf berechnen können. Sprich: für nicht allzu große Zahlen. Mit der 64er-Stelle und der darauffolgenden 128er-Stelle klappt es vermutlich auch noch ganz gut, dann wird es für die Ersten unhandlich. Und auch die Tüftelei nimmt mit jeder zusätzlichen Stelle zu.

Dezimalzahlen in Binärzahlen umwandeln mit 2-Resten

Ausgefeilter ist das Verfahren mit dem 2-Rest. Ein 2-Rest ist das, was übrig bleibt, wenn wir durch 2 teilen. Dass wir hier durch 2 teilen, liegt daran, dass wir in ein System umrechnen, das auf Zweierpotenzen basiert.

Bleiben wir bei der 42.

Wir bestimmen den 2-Rest von 42, indem wir 42 durch 2 teilen und schauen, was übrig bleibt.

> 42 : 2 = 21
> Der 2-Rest ist 0.

Dieser Rest 0 ist schon unsere letzte Ziffer der Binärdarstellung der Dezimalzahl 42. Die Stelle wird mit einer 0 besetzt. Insgesamt haben wir ...0.

Jetzt gilt es den 2-Rest von 21 zu bestimmen.

21 : 2 = 10

10? Müsste da nicht 10,5 stehen? Diesmal nicht, denn unsere Welt besteht nur noch aus Einsen und Nullen. Wir wollen entweder einen Rest von 1 oder von 0 haben. Wenn also keine glatte Null herauskommt, dann runden wir immer ab und behalten einen Rest von 1.

Der 2-Rest ist also 1.

Dieser Rest 1 ist die vorletzte Ziffer der Binärdarstellung der Dezimalzahl 42. Insgesamt haben wir ...10.

Jetzt bestimmen wir den 2-Rest von 10.

10 : 2 = 5

Der Rest 0 ist unsere drittletzte Ziffer. Insgesamt haben wir ...010.

Es geht weiter mit dem 2-Rest von 5.

5 : 2 = 2, weil wir wieder abrunden.

Bei diesem Schritt haben wir wieder einen Rest von 1, der die viertletzte Ziffer ergibt. Insgesamt haben wir ..1010.

Noch eine Runde mit dem 2-Rest von 2.

2 : 2 = 1

Der Rest 0 ist unsere fünftletzte Ziffer. Insgesamt haben wir .01010.

Eine 1 ist übrig. Und die ist auch schon unsere sechstletzte oder vorderste Ziffer der Binärdarstellung der Dezimalzahl 42. Sobald wir sie untergebracht haben, ist nichts mehr übrig. 42 als Binärzahl lautet also wieder: 101010.

Dezimalzahlen in Binärzahlen umwandeln mit Dreiergruppen

Die Wege, die wir eben gegangen sind, sind wir in umständlichen Trippelschritten abgelaufen. Am liebsten arbeite ich deshalb mit Dreiergruppen. Dabei nehme ich immer gleich drei Binärziffern als eine Zahl wahr, fasse also quasi zusammen. Drei Ziffern lassen sich noch einigermaßen gut merken. Mit dreistelligen Binärzahlen können die Dezimalzahlen von 0 bis 7 abgebildet werden. Ich habe für meine Berechnungen also acht Zahlen zur Verfügung. Statt auf die 2-Reste gucke ich jetzt ganz einfach auf die 8-Reste. Und dann geht es ruck, zuck, denn ich berechne in einem Schritt einen ganzen Binärblock aus drei Ziffern.

Dafür benutze ich dieselbe Tabelle, die wir schon einmal angeschaut haben, mache mir aber jede Binärzahl dreistellig, indem ich Nullen auffülle. Das sieht dann so aus:

0	0	0	ergibt eine 0
0	0	1	ergibt eine 1
0	1	0	ergibt eine 2
0	1	1	ergibt eine 3
1	0	0	ergibt eine 4
1	0	1	ergibt eine 5
1	1	0	ergibt eine 6
1	1	1	ergibt eine 7

Ich teile 42 durch 8 und habe das Ergebnis 5 und den Rest 2. Für den Rest greife ich die 2 aus der Tabelle heraus und notiere die dazugehörige Binärzahl 010. Als Nächstes greife ich die 5 aus der Tabelle heraus und notiere die dazugehörige Binärzahl 101 vor der 010. Das Ergebnis 101010 kennen Sie schon.

Ich habe also die 42 dreiergruppenweise in Zweierpotenzen zerlegt:

$$42 = 5 * 2^3 + 2 = 40 + 2$$

Die Gesamtlösung lautet: 42 (10) = 101010 (2)
Die Zahlen in Klammern drücken die jeweiligen Zahlensysteme aus. Die 10 steht für das Dezimalsystem und die 2 für das Binärsystem.

Binärzahlen in Dezimalzahlen umrechnen

Spazieren wir ein Stückchen in die andere Richtung. Wir können bequem auf das zurückgreifen, was wir schon auf dem Hinweg gelernt haben. Wir arbeiten wieder mit Gruppen von jeweils drei Binärziffern.
Wir wollen erkunden, was unser Computer meint, wenn er uns »11010« zuflüstert.
Wir fangen von hinten an, Dreiergruppen zu bilden. Als Erstes isolieren wir eine Dreiergruppe mit den Ziffern 010. Vorne bleibt noch die 11 als Zweiergruppe stehen. Ein Punkt soll die beiden Gruppen trennen. Wir schreiben deshalb 11010 in der Form 11.010.
Zücken Sie jetzt einfach wieder die Tabelle der Binärzahlen von 0 bis 7, die wir eben benutzt haben. Und lassen Sie uns dann blockweise umwandeln.

Aus 11.010 wird 3.2

Die vordere 11 bedeutet das Gleiche wie die 011 der Tabelle, also die Binärziffern für die Zahl 3. Und aufgepasst! Die 3.2 ist noch nicht die richtige Dezimalzahl. Um da keinen Fehler einzubauen, haben wir zwischen der 3 und der 2 den Punkt gesetzt.

Die 3.2 ist so etwas wie eine Oktal-Zahl – eine Zahl aus dem Achtersystem, in dem nur die Ziffern von 0 bis 7 vorkommen.

Zum Schluss rechnen wir noch 3 * 8 + 2. Das Ergebnis, 26, ist unsere gesuchte Dezimalzahl.

11010 (2) = 26 (10)

Auch hier muss man gut aufpassen! Nur die vordere Zahl wird mal 8 genommen, die hintere aber mal 1.

Auf die gleiche Weise können auch größere Binärzahlen umgewandelt werden. Schauen wir uns dafür die Binärzahl 10010111101 an. Wir bilden zunächst von hinten beginnend die Dreiergruppen. Unsere Binärzahl schreibt sich dann so: 10.010.111.101

Nun können wir erneut mit der Tabelle der Binärzahlen von 0 bis 7 arbeiten. Wir wandeln blockweise um. Und Abrakadabra:

Aus 10.010.111.101 wird 2.2.7.5

Die 2.2.7.5 ist wieder eine Zahl aus dem Achtersystem, die wir in eine Dezimalzahl umwandeln.

Die hinten stehende 5 ist mit 1 malzunehmen, die 7 auf der zweitletzten Position mit 8, die 2 auf der drittletzten

Position mit 8 * 8 = 64 und zum Schluss die vordere 2 mit
8 * 8 * 8 = 64 * 8 = 512.

2 * 512 + 2 * 64 + 7 * 8 + 5
= 1024 + 128 + 56 + 5 = 1213
10010111101 (2) = 1213 (10)

Warum ist jetzt die hinterste Stelle mit 1, die zweitletzte mit 8, die drittletzte mit 64 und die vorderste mit 512 zu multiplizieren? Weil hier der Stellenwert des Achtersystems zu beachten ist. Es geht schrittweise mit sogenannten Achterpotenzen immer weiter (1, 8, 64, 512, 4096 usw.). Das ist gegenüber dem Zweier- oder dem Zehnersystem nichts Neues. Nur tritt an die Stelle der 2 oder der 10 einfach die 8.

Binärzahlen addieren

Um die beiden Binärzahlen 111101 und 011 zu addieren, schreiben wir sie untereinander wie bei einer normalen Addition.
Ich verpasse außerdem jeder Stelle eine Positionsnummer, damit wir die Stellen gleich leichter identifizieren können. Bitte nicht die Positionsnummern mit dem Stellenwert durcheinanderbringen. Die Positionsnummer ist nichts anderes als eine Nummerierung, die von rechts nach links läuft.

```
  6  5  4  3  2  1    (Positionsnummern)
  ───────────────
     1  1  1  1  0  1
+           0  1  1
```

Wenn wir bei unserer zweiten Zahl ein paar Nullen aufstocken, wirkt die Aufgabe übersichtlicher.

```
  6 5 4 3 2 1  (Positionsnummern)
  1 1 1 1 0 1
 +0 0 0 0 1 1
```

Stellenweise rechnen wir jetzt von rechts nach links und fangen mit der Position 1 an.

Position 1: Wir addieren 1 + 1 und haben eigentlich eine 2. Da eine 2 im Binärsystem nicht existiert, notieren wir stattdessen eine 0 und haben einen Übertrag von 1 für die nächste Stelle.

Position 2: Wir addieren den Übertrag von 1 zu 0 + 1 und haben wieder eine 2. Da die 2 im Binärsystem nicht existiert, notieren wir stattdessen eine 0 und haben einen Übertrag von 1 für die nächste Stelle.

Position 3: Wir addieren den Übertrag von 1 zu 1 + 0 und sitzen wieder mit einer 2 da, notieren stattdessen wie gehabt eine 0 und haben einen Übertrag von 1 für die nächste Stelle.

Position 4: Wir addieren den Übertrag von 1 zu 1 + 0 und haben noch mal eine 2. Wir notieren stattdessen wieder eine 0 und haben einen Übertrag von 1 für die nächste Stelle.

Position 5: Wir addieren den Übertrag von 1 zu 1 + 0 und haben wieder eine 2. Stattdessen notieren wir eine 0 und haben einen Übertrag von 1 für die nächste Stelle.

Position 6: Wir addieren den Übertrag von 1 zu 1 + 0 und erhalten eine 2, notieren eine 0 und haben einen Übertrag von 1 für die nächste Stelle.

Position 7: Wir addieren den Übertrag von 1 zu 0. Beide Summanden sind abgearbeitet. Die 1 steht auf Position 7. Alle Positionen von 1 bis 7 zusammengefügt ergeben die Lösung 1 000 000.
Entscheidend ist, dass der Übertrag auf die nächste Stelle erfolgt, sobald eine 2 erreicht ist. Dieser Übertrag ist dann aber nicht etwa 2, sondern 1. Schließlich wechseln wir zu einer höheren Stelle.

Rechnen mit Affen

Binärziffern bereiten mir viel Spaß – selbst dann noch, wenn es mal etwas nerdiger zugeht. So wurde ich bei einer Vorführung vor Informatikern einmal gebeten, »Affe« mal »Affe« zu rechnen. Verwirrt stand ich auf der Bühne und fragte mich hektisch: Was hat denn ein Affe mit Binärzahlen zu tun?
Ich hatte mich selbst reingeritten in die Situation. Zuvor hatte ich ein paar Wurzeln gezogen, Wochentage berechnet und multipliziert. Um dem Publikum aber gerecht zu werden, hatte ich selbst die Binärzahlen hervorgekramt.
Als ein Experte aus der hintersten Reihe dann mit seinem Affe mal Affe ankam, befürchtete ich erst, dass ich mich vielleicht doch zu weit aus dem Fenster gelehnt hätte.
Jetzt weiß ich natürlich nicht, ob Sie mal auf einer Bühne vor einem Publikum gestanden haben. Doch selbst wenn es nicht viele Zuschauer waren, vor irgendeinem Publikum sind die meisten von uns schon aufgetreten. Wenn es auch

nur eine Familienfeier oder eine Präsentation vor einem Kunden war. Wenn alle Augen auf einen gerichtet sind, ist der Moment nicht günstig, um gründlich und vielleicht ein bisschen entspannt nachzudenken, was denn wohl gemeint sein könnte. Gleichzeitig mag man nicht als der Doofe dastehen. Als der Einzige im Saal, der es nicht gerafft hat.

Selbst schuld, Gert, sagte ich mir. Gerade noch rechtzeitig bekam ich dann die Kurve. Eine Stimme in meinem Hinterstübchen soufflierte mir, dass Hexadezimalzahlen gemeint waren. Nicht um einen Affen ging es also, sondern um AFFE.

Man kann nämlich nicht nur drei Binärziffern zu einer Oktal-Ziffer zusammenfassen, wie wir es eben praktiziert haben, sondern das Ganze noch weitertreiben. Dann legt man vier Binärziffern zu einer sogenannten Sechzehnerzahl (Hexadezimalzahl) zusammen. Neben den Ziffern 0 bis 9 werden hier auch die Buchstaben A für die 10, B für die 11, C für die 12, D für die 13, E für die 14 und F für die 15 vergeben.

Dezimalzahl	Binärzahl	Hexadezimalzahl
0	0	0
1	1	1
2	10	2
3	11	3
4	100	4
5	101	5
6	110	6
7	111	7
8	1000	8
9	1001	9

Dezimalzahl	Binärzahl	Hexadezimalzahl
10	1010	A
11	1011	B
12	1100	C
13	1101	D
14	1110	E
15	1111	F
16	10000	10

Die Hexadezimalzahl AFFE lässt sich also so darstellen:
A.F.F.E = 1010.1111.1111.1110
Aber was ergibt 1010.1111.1111.1110 quadriert?
Mir selbst fiel damals auf die Schnelle nur ein, den Umweg über das Dezimalsystem zu gehen. Ich rechnete also einfach AFFE (16) = 45054 (10). Dann habe ich im Kopf 45054 quadriert und 2029862916 erhalten. Diese lange Zahl wieder im Kopf ins Hexadezimalsystem umzurechnen, ließ mich schon wieder ins Schwitzen geraten. Ich hatte das Gefühl, schon seit Ewigkeiten dort vorne rumzustehen und zu rechnen. Fingen die Ersten im Publikum nicht gerade an zu gähnen? Noch immer schien das Ergebnis in weiter Ferne zu liegen.
Der Experte aus der hinteren Reihe, der den Schlamassel angestoßen hatte, zog mich auch wieder heraus. Und (Achtung: Nerdalarm!!!) ließ mich wissen, dass AFFE + 2 = B000 ist.
Tatsächlich half mir das weiter, denn B000 oder B-Tausend ist im Sechzehnersystem eine glatte Zahl. Dadurch konnte ich den Umweg über das Dezimalsystem seinlassen und direkt AFFE * AFFE = (B000 − 2) * (B000 − 2) rechnen. Aus-

multipliziert ist das 79 000 000 − 2C000 + 4. Das Ergebnis lautet also:

2 029 862 916 (10) = 78FD4004 (16)

Schade, dass Leibniz nicht dabei sein konnte. Bestimmt hätte ihm der Affe auch Spaß gemacht.

Aufgaben

1. Geben Sie die Dezimalzahl 37 als Binärzahl an!

2. Berechnen Sie die Dezimalzahl zu der Binärzahl 101101!

3. Addieren Sie die Binärzahlen 10110 und 10111!

4. Nur für Fortgeschrittene: Versuchen Sie ABBA in eine Dezimalzahl umzuwandeln!

77° **Qaanaq**
Grönland

77° 28′ 0″ N
69° 13′ 50″ W
Breite: 77,466667°
Länge: −69,230556°

Kreise quadrieren mit Pi

Unsere vorletzte Station erreichen wir im Hundeschlitten. Wenn auch die Grönländer selbst schon längst in feste Häuser umgezogen sind, wollen wir unsere letzte Nacht in einem selbstgebauten Iglu verbringen. Das Licht ist hier oben im Winter nicht so toll. Es ist immer dunkel. Dafür werden uns die Eisbären nicht stören. Sie befinden sich hoffentlich im wohlverdienten Winterschlaf.

Stellen Sie sich vor, dass wir im Schnee mit einem gigantischen Zirkel einen Kreis ziehen. Einen ganz idealen und wunderbaren Kreis. Dann zertrampeln wir den Schnee innerhalb des Kreises, so dass der Grundriss unseres Iglus sich deutlich vom hohen Schnee abhebt. Schreiten Sie in Gedanken die Außenwand ab. Das ist unser Kreisumfang. Wenn Sie auf geradem Wege von einer Seite des Kreises auf die andere schreiten, dann sind Sie auf dem Durchmesser entlangspaziert.

Kreisumfang und Kreisdurchmesser interessieren uns, weil

ganz zum Schluss endlich Pi auf den Plan tritt. Pi ist die Kreiszahl, die das Verhältnis von Kreisumfang zu Kreisdurchmesser angibt.

Seit Jahrtausenden ergründen Mathematiker diese geheimnisvolle Zahl. Bei jedem Kreis bleibt sie gleich, egal wie groß er ist, weil Umfang und Durchmesser konstant wachsen. Am Anfang steht 3,1415, doch es folgen unendlich viele Stellen. Ein Muster oder eine Regelmäßigkeit hat bisher noch keiner in den Stellen erkennen können. Pi ist eine irrationale Zahl, weil sie sich nicht als Quotient zweier ganzer Zahlen darstellen lässt. Auch ist Pi nicht periodisch, sondern macht, was sie will, und lässt sich nicht erklären.

Gedächtniskünstler halten Wettbewerbe ab, wer die meisten Stellen auswendig kann. 67890 Nachkommastellen ist der offizielle Rekord!

Ich selbst benutze das Symbol für Pi übrigens manchmal, um das Doppel-T in meinem Nachnamen zu schreiben. Dabei hat es bei mir ein bisschen gedauert, bis ich mich mit Pi angefreundet habe. Während der Schulzeit hielt ich Pi noch für eines der mathematischen Grundübel. Die Zahl schien mir für all das zu stehen, was die Schulmathematik ausmachte: für ein endloses Ausrechnen nach vorgegebenen Rezepten. Und dann war Pi auch noch im für mich schlimmsten Teil der Schulmathematik verankert, der Geometrie.

Indem ich nicht Mathematik, sondern lieber Informatik studierte, versuchte ich, Pi und Konsorten hinter mir zu lassen. Doch Pi ließ sich nicht abschütteln und verfolgte mich ins Informatikstudium. Eigentlich wollte ich Pi weiterhin die kalte Schulter zeigen, doch irgendwann packte die Zahl auch mich.

Da gibt es zum Beispiel die unendlich lange Summen-Reihe $\frac{1}{1} + \frac{1}{4} + \frac{1}{9} + \frac{1}{16} + \frac{1}{25} + ...$, die erstaunlicherweise $\frac{Pi * Pi}{6}$ ergibt. Hier haben wir im Nenner die aufsteigenden Quadratzahlen, und am Schluss kommt etwas mit Pi Quadrat heraus. Dann wieder ergibt $\frac{1}{1} + \frac{1}{16} + \frac{1}{81} + \frac{1}{256} + \frac{1}{625} + ... \frac{Pi * Pi * Pi * Pi}{90}$. Hier haben wir im Nenner die aufsteigenden vierten Potenzen, und am Schluss kommt etwas mit Pi hoch vier heraus. Jedes Mal, wenn ich um eine Ecke bog, blickte Pi mir entgegen. Und irgendwann hatte mich die Zahl kleinbekommen, durch ihre schier unendliche Präsenz. Ich fing an, mich für sie zu interessieren.

Zum ersten Mal in der Geschichte begegnet uns die Zahl im Rhind-Papyrus, einem Rechenbuch, das der ägyptische Schreiber Ahmose um 1550 vor unserer Zeitrechnung schrieb. Mit ihm begann die Quadratur des Kreises, an der sich die Crème de la Crème der Mathematik über Jahrtausende verausgaben sollte. Was für viele Nichtmathematiker vielleicht wie eine bloße Redewendung für ein schier unlösbares Problem klingt, hielt Mathematiker aller Zeiten in Atem. Grob gesagt, geht es darum, die Fläche eines Kreises mit Hilfe von Quadraten zu berechnen. Die Kreisfläche können Sie nicht einfach so vermessen, das eckige Quadrat aber sehr wohl.

Ahmose legte deshalb seinen Kreis in ein Quadrat. Das Quadrat unterteilte er in neun gleiche kleinere Quadrate. Er schnitt an den vier Ecken jeweils die Hälfte der Quadrate weg und erhielt ein Achteck, das seinem Kreis schon ziemlich ähnlich war.

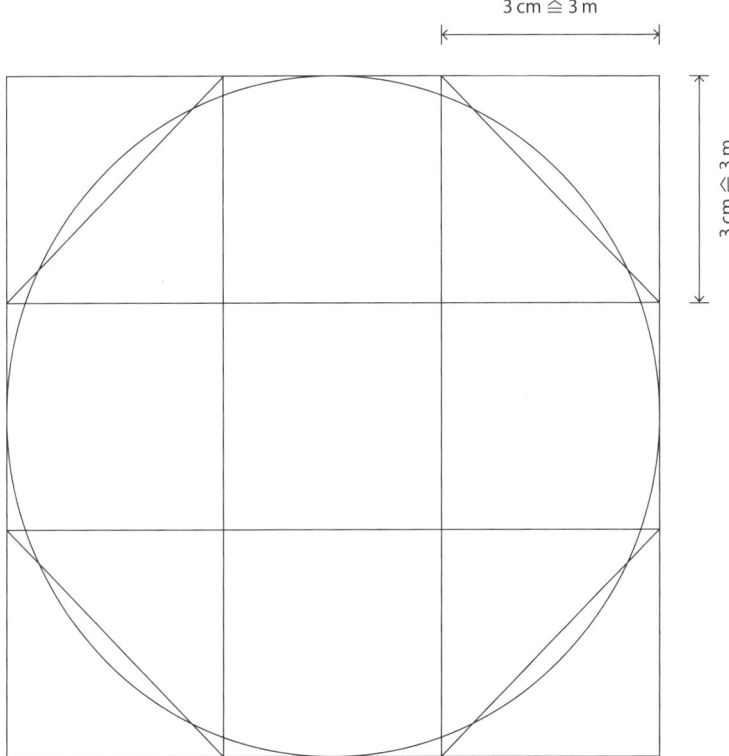

Ahmose errechnete einen Wert von $\frac{256}{81}$ oder 3,16049 für das Verhältnis von Kreisumfang zu Durchmesser. Das war schon recht gut! Die Abweichung zu unserem heutigen Wert beträgt weniger als ein Prozent.

Ein Iglu bauen nach der Methode von Ahmose

Wir wollen Ahmoses Methode für unser Iglu anwenden. Als Durchmesser wählen wir 9 Meter. Das machen wir deshalb, weil auch Ahmose mit 9 Einheiten rechnete und weil diese sich besonders schön durch 3 teilen lassen, was uns gleich helfen wird.

Ganz praktisch gedacht, könnte ich mir aber auch vorstellen, dass wir bei diesem Durchmesser alle in unser Iglu reinpassen werden. Das aber wollen wir konkret überprüfen, indem wir uns fragen, wie viele Quadratmeter Platz wir dann haben. Wir berechnen also die Kreisfläche.

Dazu zeichnen wir ein Quadrat außen um unseren Kreis. Stellen Sie sich bitte vor, wir würden ein Lineal so groß wie ein Brett einsetzen. Unser Kreis sollte genau in dem Quadrat liegen.

Dieses Quadrat unterteilen wir jetzt in neun gleiche kleinere Quadrate. Die Seitenlängen jedes Quadrats sind also genau 3 Meter lang.

Jetzt trennen wir bei den vier Eckquadraten jeweils die äußere Hälfte ab, damit sich das Quadrat besser an unseren Kreis schmiegt. Aus dem Quadrat ist ein Achteck geworden. Statt neun ganzen kleinen Quadraten haben wir fünf ganze kleine Quadrate und vier halbe kleine Quadrate. Das macht insgesamt sieben ganze kleine Quadrate. Sieben Quadrate entsprechen also in etwa unserer Kreisfläche.

Jedes kleine Quadrat hat eine Fläche von $3\,m * 3\,m = 9\,m^2$.
$7\text{ Quadrate} * 9\,m^2 = 63\,m^2$

Wie einst Ahmose gucken wir noch mal auf Kreis und Quadrat und stellen fest: Wir müssen beim Kreis noch ein Schüppchen drauflegen. Der Kreis ist einen Tick größer als das Achteck. Deshalb sagen wir lieber, dass die Fläche 64 Quadratmeter beträgt.

Die Kreisfläche mit Pi ausrechnen

Jetzt ist es natürlich so, dass wir ein bisschen mehr wissen als Ahmose, nämlich wie viel Pi tatsächlich ist. Wenn wir Pi und unseren Durchmesser kennen, können wir die Kreisfläche auch mit einer Formel errechnen. Die lautet:

$$A = Pi * \frac{d^2}{4}$$

Dabei ist A die Kreisfläche und d der Durchmesser.
Hätten wir von Anfang an einfach nur unsere Werte eingesetzt, nämlich:

d = 9
Pi = 3,1415, hätten wir erhalten
(3,1415 * 81) : 4
254,46 : 4 = 63,62

Das ist also das genaue Ergebnis. Doch dafür, dass wir die Fläche unseres Iglus einfach mit der Technik von Ahmose errechnet haben, sind wir ganz schön nah rangekommen. Formeln sind ja immer etwas abstrakt. Sie erleichtern natürlich das Rechnen, aber oft fehlt uns einfach der Zusammenhang. Den Flächeninhalt eines Kreises mit Quadraten auszurechnen, finde ich witziger.
All das Quadrieren und Vermessen hält uns hier auch warm. Zudem funktioniert Kreise quadrieren leicht im Kopf. Immer dann zumindest, wenn der Durchmesser so wunderbar durch 3 teilbar ist wie die 9. Setzen wir dagegen die Formel ein, greift der eine oder andere von Ihnen vermutlich lieber zum Taschenrechner.

Natürlich könnten wir auch den Wert für Pi, den Ahmose errechnete, einmal einsetzen. Dann hätten wir:
(3,16049 * 81) : 4 = 63,999922 = 64, denn die Abweichung von 64 ist nur rundungstechnisch bedingt.
Das muss natürlich auch so sein, denn Ahmose rechnete ja mit einem Kreisinhalt von 64. Er setzte nämlich die Fläche eines Kreises mit einem Durchmesser von 9 gleich der Fläche eines Quadrats mit einer Seitenlänge von 8.

$8 * 8 = 64$.
Pi = Kreisfläche : $(\frac{1}{2} d)^2$
Pi = $64 : (0,5 * 9)^2$
Pi = $64 : 20,25 = 3,16049$

In den Jahrtausenden nach Ahmose wurde die Methode ständig verfeinert. Im dritten Jahrhundert vor unserer Zeitrechnung schrieb der griechische Mathematiker Archimedes in »Die Messung des Kreises«, Pi müsse kleiner sein als $3\frac{1}{7}$, aber größer als $3\frac{10}{71}$. Archimedes vermaß seine Kreise nicht nur mit einem Achteck, so wie Ahmose und wir, sondern mit einem 96-Eck.
Er soll so vertieft in das Studium der Geometrie gewesen sein, dass er gar nicht mitbekam, wie die Römer seine Heimatstadt Syrakus eroberten. Als sich ihm ein römischer Soldat näherte, soll Archimedes nur gesagt haben: »Stört mir meine Kreise nicht!« Der Soldat, der keine Ahnung hatte, dass er den berühmtesten Mathematiker seiner Zeit vor sich hatte, erschlug Archimedes.
Der Astronom Ptolemäus erklärte das Verhältnis sogar in Sexagesimalschreibweise. Nämlich als 3° 8′ 30″.

Das heißt $3 + \frac{8}{60} + \frac{30}{3600}$
$= 3 + \frac{16}{120} + \frac{1}{120}$ (hier habe ich $\frac{30}{3600}$ um 30 gekürzt)
$= 3 \frac{17}{120} = 3{,}141\overline{6}$.

Zu unserer Reise passt diese Schreibweise von Pi in Grad, Minuten und Sekunden ja perfekt.
Die Römer waren eher Praktiker und rechneten mit $3\frac{1}{8}$, weil man mit $\frac{1}{8}$ besser rechnen konnte als mit $\frac{1}{7}$, was genauer gewesen wäre. Währenddessen tüftelte man auch in anderen Teilen der Welt an Pi herum, auch wenn Pi noch gar nicht Pi hieß. Auf den sechzehnten Buchstaben des griechischen Alphabets wurde die Zahl erst vor einigen Jahrhunderten getauft.
Unser Bekannter Zhang Heng, der den ersten Seismographen konstruierte, schmiss für Pi eine Zahl zwischen 3,1466 und 3,1622 in die Runde. Im 5. Jahrhundert errechneten Tsu Ch'ung Chi und sein Sohn Tsu Keng Chi dann den Wert $\frac{355}{113}$ oder 3,1415929, was für mehr als tausend Jahre der genaueste Wert war. Uns hier in Europa erreichte diese Nachricht aber nie. Und auch die Chinesen rechneten im Alltag lieber mit $\sqrt{10}$, was etwa 3,16228 entspricht.
Der indische Mathematiker Aryabhata veröffentlichte seinen Wert von $\sqrt{9{,}8684}$, was sich auf etwa 3,14140 beläuft, in einem Gedicht. Doch auch in Indien rechnete man weiter mit der ungenaueren $\sqrt{10}$, und diese gelangte im Mittelalter auch nach Europa, wo sich unter anderen Fibonacci aus Pisa daranmachte, Pi zu ergründen. Er kam auf 1440 : $458\frac{1}{3}$ oder $\frac{864}{275}$, was 3,1418 entspricht.
Alles, was bis drei rechnen konnte, begab sich alsbald auf

die Jagd nach immer neuen Nachkommastellen. Spannend war die Zahl ja auch, weil man nicht wusste, ob sie nicht doch irgendwann zum Abschluss kommen würde.

Revolutioniert wurde das Verfahren im 16. Jahrhundert durch die unendlichen Reihen des französischen Mathematikers François Viète. Ludolph van Ceulen berechnete um 1600 35 Nachkommastellen. Nach ihm wurde Pi auch als Ludolph'sche Zahl bezeichnet. Die 35 Nachkommastellen ließ er auf seinem Grabstein einritzen.

1855 war man schon bei 500 Stellen und etwa hundert Jahre später, als die ersten Computer aufkamen, bei über 16000. So ging es immer weiter, und mittlerweile ist man bei mehreren Billionen Nachkommastellen angelangt.

Dass die Quadratur des Kreises nur mit Zirkel und Lineal nicht möglich ist, bewies Ferdinand von Lindemann schon im 19. Jahrhundert. Mathematiker sind ja ein bisschen pingelig. Ich finde, dass sich selbst das Ergebnis von Ahmose, das wir gerade nachvollzogen haben, sehen lassen kann. Und Archimedes und Co. waren viel genauer.

Doch ein kleines Stück fehlt so eben immer, weil ein Kreis eben kein Quadrat ist. Die Mathematik ist heute aber auch gar nicht mehr auf Zirkel und Lineal angewiesen, um die Fläche eines Kreises zu berechnen. Und für unser Iglu reicht uns diese alte und so wunderbar anschauliche Vorgehensweise allemal. Unsere Behausung ist jetzt fertig und rund.

Aufgabe

Berechnen Sie die Fläche eines Iglus mit dem Durchmesser von 6 m, indem Sie Ihren Kreis mit dem Verfahren von Ahmose quadrieren.

90° | **Nordpol**

90° 0′ 0″ N
Breite: 90°
Länge: alle

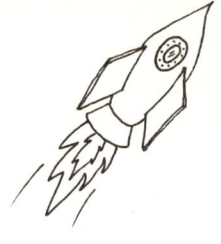

Abreisen in Lichtjahren

Am Nordpol laufen alle Längengrade in einem Punkt zusammen, deshalb kann ich hier nur einen Breitengrad angeben.

Wir stehen auf einer dicken Eisschicht. Unter uns ist das Nordpolarmeer. Dass die Temperaturen hier eher niedrig sind, hilft mir vielleicht dabei, mich bei meinem nächsten Halt besser zu akklimatisieren. Da herrschen nämlich frostige minus 200 Grad.

Auf mich wartet dort schon die nächste Gruppe. Während Sie sich auf den Heimweg machen, werde ich im Raumschiff zum Neptun reisen.

Dieser Planet hat eine zuverlässige Umlaufbahn, mit der es sich angenehm rechnen lässt. Er ist schön blau und um einiges größer als die Erde. Für einen Planeten aber eher mittelgroß. Ringe umgeben ihn, und er wartet mit vierzehn Monden auf. Seine Umlaufzeit um die Sonne beträgt 165 Jahre und fünf Monate.

Die durchschnittliche Entfernung zwischen Erde und Neptun beträgt rund 4,5 Milliarden Kilometer. Da sowohl Neptun wie auch unsere Erde um die Sonne kreisen, ist der Abstand zwischen den Planeten nicht immer gleich.

Die Entfernungen im Weltraum sind gewaltig, deshalb satteln wir zum Abschluss auf das Längenmaß Lichtjahre um. Da ein Lichtjahr rund 9,46 Billionen Kilometern entspricht, arbeiten wir lieber mit der handlicheren Einheit Lichtsekunde. Eine Lichtsekunde entspricht etwa 300 000 Kilometern.

Während Ihre Koffer eingeladen werden, lassen Sie uns also noch einmal ausrechnen, wie lange die Reisezeit zum Neptun sein wird, wenn ich mit Lichtgeschwindigkeit unterwegs bin! Möglicherweise ist diese Aufgabenstellung zum Schluss jetzt für Sie einen Tick zu einfach, weil wir auf unserer Reise ja schon öfters vom Dezimal- in das Sexagesimalsystem umgerechnet haben. Aber Übung macht den Meister, das wissen Sie ja! Also auf ein letztes Mal!

$$4\,500\,000\,000 : 300\,000$$
$$= 45\,000 : 3 = 15\,000$$

Hier habe ich erst ein paar Nullen gekürzt. Die 15 000 Sekunden, die ich unterwegs sein werde, teile ich jetzt durch 3600, die Anzahl der Sekunden pro Stunde.

$$15\,000 : 3600$$

Die 3600 passt 4-mal in die 15 000, das ergibt nämlich 14 400, und dann bleibt ein Rest von 600. Ich werde also 4 Stunden (= 14 400 Sekunden) und 10 Minuten (= 600 Sekunden) unterwegs sein.

Zum Zeitvertreib während Ihrer Heimreise rechnen Sie doch bitte noch aus, wie lange ich brauchen würde, wenn ich nicht zum Neptun, sondern zu unserem Nachbarplaneten Venus unterwegs wäre. Der kleinste Abstand zu uns ist 38,3 Millionen Kilometer, der größte 260 Millionen. Zum Rechnen nehmen Sie daraus einfach die Mitte.
Ihnen allen eine gute Heimreise!

Lösungen

0° Golf von Guinea, im Atlantik

1. Um im Kopf zu rechnen, würde ich zunächst mit 50 Längengraden beginnen. 1 Längengrad entspricht 111,32 Kilometern. Anstatt aber 50 * 111,32 zu rechnen, halbiere ich die 111,32 und erhalte 55,66. Dann schiebe ich das Komma um zwei Stellen nach rechts und komme auf 5566 Kilometer. Ich habe bisher also nur 111,32 * 50 gerechnet. Als Nächstes addiere ich grob 111, also den 51. Längengrad und habe dann 5677 Kilometer.

Jetzt kommen wir zu den Minuten. Wenn ein Grad 111,32 Kilometern entspricht, dann entspricht 111,32 : 60 einer Minute. Ein Sechzigstel von 111,32 Kilometern muss grob geschätzt etwas unter 2 liegen, denn 2 * 60 = 120. Mit der 2 liegen wir noch einiges über der 111,32. Von der 120 kann also noch mal 6 abgezogen werden, so dass wir 114 erhalten. Ziehen wir also noch mal 6 ab, dann sind wir bei 108. 111,32 liegt zwischen diesen beiden Zahlen. Da jede

6 etwa 0,1 Kilometer entspricht, kommen wir auf 1,8 bis 1,9 Kilometer pro Minute. Damit lässt sich erschließen, dass rund $4\frac{1}{4}$ Minuten rund 8 Kilometern entsprechen müssen. 4,25 * 1,85 ergibt etwa 7,86. Die gerundete Lösung lautet: 5685 Kilometer.

2. 0 Grad N darf wieder direkt abgeschrieben werden. 2 Minuten und 8 Sekunden entsprechen 2 * 60 + 8 = 128 Sekunden. Die 128 Sekunden entsprechen $\frac{128}{36}$ hundertstel Grad. Wir schreiben $\frac{128}{36} = \frac{32}{9}$ (Kürzung) = $3,\overline{5}$ hundertstel Grad. Die erste Koordinate lautet: $0,03\overline{5}$ Grad Nord.

Zur zweiten Koordinate: 51 Grad W darf direkt abgeschrieben werden. 4 Minuten und 14 Sekunden entsprechen 4 * 60 + 14 = 254 Sekunden. Die 254 Sekunden entsprechen $\frac{254}{36}$ hundertstel Grad. Wir schreiben $\frac{254}{36} = \frac{127}{18}$ (Kürzung) = $7,0\overline{5}$ hundertstel Grad. Die zweite Koordinate lautet: $51,070\overline{5}$ Grad West. Die Lösungen 0,03 oder 0,04 N und 51,07 W stellen gute Näherungen dar.

3. Für jeden der 89 Breitengrade nördlich und südlich des Äquators gibt es 360 Schnittpunkte mit den insgesamt 360 Längengraden. Der Äquator selbst hat 360 Schnittpunkte, die hinzukommen. Die beiden Pole jeweils einen, die ebenfalls hinzukommen.

Die Lösung lautet 2 * 89 * 360 + 360 + 2 = 179 * 360 + 2 = 64 442 Schnittpunkte.

4. Wir starten in Apia (–279). Dann Sacsayhuaman (–261), Copán (–112), Qaanaq (–27), Newark (–13), Hatch (–1) oder Lambert-Gletscher (–1), Ishango (52), Nordpol (90),

1770 (128), Alexandria (134), London (136), Babylon (143), Pisa (148), Paris (154), Malé (183), Rom (193), Avanos (196), Hannover (214), Nauru (221), Luoyang (236).

−71° Lambert-Gletscher, Antarktis
10 000 000 Quadratkilometer
Kanada: 3000 Kilometer
Afrika: 5500 Kilometer

1. 10 Kilometer

2. Mit 11 * 11 = 121 liegt das Ergebnis knapp unter 11 Kilometern.

3. Gut vier Kilometer, denn 4 * 4 = 16.

4. Quadratseitenlänge: jeweils rund 90 Kilometer. Aus zwei Nullen wird eine. Die Wurzel aus 81 ergibt 9. Die Wurzel aus 82 ist nur wenig mehr als 9 (9,05…), so dass Sie auch hier gut mit 9 arbeiten können. Wären Vatnajökull und Austfonna Quadrate, wären die Seitenlängen etwa 90 Kilometer.
Als Rechteck mit dem Stretching-Faktor 2 bekommen wir längere Seiten mit 180 Kilometern, denn 90 * 2 = 180. Die kürzeren Seiten sind 45 Kilometer lang, denn 90 : 2 = 45.

5. Die Seitenlängen beim Quadrat sind 110 Kilometer. Das Rechteck hat die Seitenlängen 110 : 3 = $36\frac{2}{3}$ km (rund 37 km) und 110 * 3 = 330 km.

−24° 1770, Queensland, Australien
(3 * 3 * 3 + 75 − 6 = 27 + 69 = 96) ≙ Ninety Six

−13,8° Apia, Samoa, Südpazifik
Die Zeitzonen liegen insgesamt um 20 Stunden auseinander: (Greenwich plus 10 Stunden) minus (Greenwich minus 10 Stunden).

Ostrichtung: Die Uhr muss um 20 Stunden zurückgestellt werden. Wenn Sie um zwölf Uhr mittags starten, ist es am Ziel 16 Uhr am Nachmittag des Vortages. Nach acht Stunden Flug landen Sie dort um Mitternacht, also quasi zwölf Stunden eher, als sie gestartet sind. Trotz der Flugzeit von acht Stunden haben Sie noch zwölf Stunden gewonnen.

Westrichtung: Die Uhr muss um 20 Stunden vorgestellt werden.

Wenn Sie um zwölf Uhr mittags losfliegen, ist es an Ihrem Ziel acht Uhr morgens einen Tag später. Nach acht Stunden Flug schlägt die Uhr dort 16 Uhr am Nachmittag. Die Landung erfolgt 28 Stunden später als der Start.

−13,5° Sacsayhuaman, Peru
9817 + 3225 + 143 = 13 185

−0,5° Nauru, Südpazifik
24,9 (= BMI) * 3,24 (= 1,80 * 1,80) kg = 80,676 kg. 109,836 kg − 80,676 kg = 29,16 kg, die also abgespeckt werden müssen. Die tägliche Negativbilanz beträgt 2600 − 1200 = 1400 Kalorien, die 200 Gramm Körperfett ausmachen, denn 700 Kalorien entsprechen laut Annahme 100 Gramm Körperfett.

Wir erhalten $\frac{29{,}16}{0{,}2}$ = 145,8 Tage. Somit dauert die Diät fast fünf Monate.

−0,1° Ishango, Demokratische Republik Kongo

2 4 6
3 6 10
2 4 8

In der ersten Zeile wird immer plus 2 gerechnet. In der zweiten Zeile wird erst 3, dann 4 addiert. In der dritten Zeile wird mit 2 malgenommen.

Mit jeder Zeile wachsen die Zahlen schneller. In der ersten Zeile wird immer 2 addiert, stets die gleiche Zahl. In der zweiten Zeile erhöht sich der Summand immer um 1. Erst ist er 3, dann 4. Die 3 als erster Summand kommt daher, dass er selbst um eins größer als die 2 aus der Vorzeile ist. In der dritten Zeile wird immer mit der gleichen Zahl multipliziert. Wieder ist es die 2, die in der ersten Zeile ja schon addiert wurde.

4° Malé, Malediven

Ohne die Zwischenstufe über Hühner und Truthähne hätte ich direkt 240 Kauris in 200 Kakaobohnen tauschen können. Oder vereinfacht, nämlich um 40 gekürzt:
240 : 40 = 6 und 200 : 40 = 5
5 Kakaobohnen für 6 Kauris.
Dann habe ich bei 100 000 Kauris (5 : 6) * 100 000 = 500 000 : 6 = 250 000 : 3 = $83\,333\frac{1}{3}$ Kakaobohnen.

Das wiederum ergibt $833\frac{1}{3}$ Tafeln Vollmilchschokolade.

14° Copán, Honduras

Wenn Sie mit 365 gerechnet haben, müssten Sie im Jahr 755 gelandet sein. 3868 * 365 + 60 = 1 411 880 und 3868 – 3114 + 1 = 755.

9 * 144 000 + 16 * 7200 + 1 * 360 + 16 * 20 + 0 * 1 = 1 296 000 + 115 200 + 360 + 320 = 1 411 880 Tage

Durch das Maya-Jahr teilen ergibt:

1 411 880 : 365,242 = 3866 Jahre – 145,572 Tage

3866 * 365,242 – 145,572 = 1 411 880

3866 – 3114 ergibt 752

Wir erhöhen wieder um 1 Jahr, weil es das Jahr null nicht gab, und kommen im Jahr 753 nach unserer Zeitrechnung an. Jetzt müssen noch die 145,572 Tage abgezogen werden, gerechnet ab dem 11. August. Das bringt uns zum 18. oder 19. März, je nachdem, ob wir den Tag auf- oder abrunden. In der Tat gilt der 19. März 753 auch in der Mayaforschung als der richtige Tag.

31° Alexandria, Ägypten

Die Insel ist Porto Santo, nordöstlich von Madeira. Koordinaten: 33° 4′ N, 16° 21′ W

1 Stunde, 5 Minuten und 24 Sekunden Unterschied ergeben 16 Grad und 21 Minuten.

32,5° Babylon, Irak

Hier gibt es jede Menge Lösungen.

100 Stunden, 24 Minuten, 36 Sekunden

40 Stunden, 36 Minuten, 60 Sekunden

21 600 Stunden, 2 Minuten, 2 Sekunden

Das lässt sich beliebig fortsetzen, und natürlich können Sie auch noch an der Länge der Sekunden ansetzen.

32,7° Hatch, New Mexico, USA

1 000 000 : 16 = 62 500 Milligramm Capsaicin pro Kilogramm Lebensmittel

Wenn 62 500 Milligramm Capsaicin in einem Kilogramm Lebensmittel vorkommen, wie viel sind dann in einem Gramm?

62 500 mg : 1000 = 62,5 mg

1 Gramm entspricht dann 62,5 mg und

5 Gramm (1 TL) dann 312,5 mg Capsaicin pro Teelöffel.

Das vorgegebene Körpergewicht beträgt 80 Kilogramm. Sie dürfen dann maximal pro Mahlzeit 80 * 5 mg = 400 Milligramm Capsaicin zu sich nehmen.

Das entspricht 400 : 312,5 = 1,28 Teelöffel.

Bei dieser Sauce erstaunlich viel! Ein Freund von mir hat versehentlich einen ganzen Tropfen, also rund 50 Milligramm oder ein hundertstel Teelöffel, zu sich genommen und war dann für eine Stunde außer Gefecht gesetzt. Er saß nur noch still da. Passen Sie da also lieber auf sich auf, selbst wenn Sie scharfes Essen gewöhnt sind!

34° Luoyang, China

1. Ja. Denn dieses Beben ist von den Erdbewegungen her zehnmal schwächer als das oben beschriebene Ausgangsbeben der Stärke 0.

2.

4,0	10
4,1	ca. $10 * \frac{5}{4} = 12{,}5$
4,2	ca. $10 * \frac{5}{4} * \frac{5}{4} = \frac{250}{16}$ (etwas mehr als 15)
4,3	ca. 20
4,4	ca. $20 * \frac{5}{4} = \frac{100}{4} = \frac{50}{2} = 25$
4,5	ca. $20 * \frac{5}{4} * \frac{5}{4} = \frac{50}{2} * \frac{5}{4} = \frac{250}{8}$ (etwas mehr als 30)
4,6	ca. 40
4,7	ca. $40 * \frac{5}{4} = 50$
4,8	ca. $50 * \frac{5}{4} = \frac{250}{4}$ (etwas mehr als 60)
4,9	ca. 80
5,0	$80 * \frac{5}{4} = \frac{400}{4} = 100$

38° Avanos, Türkei

1. 12 000 000 : 45 000 (= 5 * 9000 = Knoten pro Woche). Schrittweises Vereinfachen führt zu einfacheren Divisionsaufgaben: 12 000 : 45 oder 4000 : 15 oder 800 : 3 = $266\frac{2}{3}$ Wochen. Das sind rund 5 Jahre (235 Wochen) und $31\frac{2}{3}$ Wochen, also circa fünf Jahre und acht Monate.

2. 1 790 208 Knoten (= 16 * 378 * 296 = 6048 * 296 = 1 790 208)

40° Port Newark, New Jersey, USA

157 092 : 21,75 = 628 368 : 87 = 7222,6 = 7222 Container
157 092 : 13 798 ~ 1571 : 138 ~ 11,38 = ca. 11 380 Kilogramm oder ca. 9080 Kilogramm unter Berücksichtigung des Eigengewichts des Containers 2300 kg.

41° Rom, Italien
1. 1966 − 78 = 1888

2. 622 und 1436 ergeben addiert 2058. Im Anschluss wird 2015 abgezogen. Damit macht die Verschiebung 43 Jahre aus.

3. 2015 + 543 = 2558

4. 2015 + 3761 = 5776
Bei meinem Geburtsdatum ergibt sich 1966 + 3761 = 5727.

43° Pisa, Italien
1. 16 und 32. Immer mal 2
2. 81 und 121. Ungerade Quadratzahlen
3. 89 und 233. Jede zweite Fibonacci-Zahl
4. 17 und 19. Primzahlen
5. 49 und 64. Quadratzahlen

48° Paris, Frankreich
Meine Elle: 50 Zentimeter
Ihre Elle könnte zum Beispiel sein: 40 Zentimeter
10 Ellen in eigener Elle sind 400 Zentimeter geteilt durch die 50 Zentimeter meiner Elle = 8 Ellen von mir.

51° London, Großbritannien
Aus den unterschiedlichen Längengraden sehen wir, dass die Tagesmittelpunktdifferenz zwischen Magdeburg und Stuttgart 9 Minuten und 44 Sekunden beträgt, zwischen Magdeburg und Düsseldorf 19 Minuten und 20 Sekunden.

Die Stuttgarter müssten deshalb mindestens 1 Minute und 44 Sekunden später aufstehen als der Durchschnitt des Landes, um hinter den Magdeburgern herzuhinken. Die Düsseldorfer sogar mindestens 11' und 20". Dass man in Sachsen-Anhalt eher aufsteht, kann auch einfach damit zu tun haben, dass die Sonne dort eben eher aufgeht.

52° Hannover, Deutschland

1. 37 : 8 = 4 und 8-Rest = 5. ...101
Am Schluss bleibt die 4 übrig.
Wir haben 37 (10) = 100101 (2)

2. Umwandeln in die Blocknotation liefert 101.101.
Aus der Binärtabelle ergibt sich die Oktal-Zahl 5.5.
Umwandeln der Oktal-Zahl in eine Dezimalzahl liefert
5 * 8 + 5 = 45.
Ergebnis: 101101 (2) = 45 (10)

3. 101101

4. Wir wandeln die Buchstaben erst in Dezimalzahlen um. Dafür schauen Sie in die Tabelle mit den Hexadezimalzahlen und erhalten die Hexadezimal-Darstellung 10.11.11.10. Jetzt müssen Sie jede dieser Zahlen mit Sechzehnerpotenzen entsprechend ihrer Wertigkeit malnehmen. Die letzte Stelle mal 1, die vorletzte mal 16, die drittletzte mal 16 * 16 = 256 und die viertletzte mal 16 * 16 * 16 = 256 * 16 = 4096.
Wir addieren stellenweise von vorne nach hinten: 10 * 4096 + 11 * 256 + 11 * 16 + 10 * 1.

Das ergibt 40960 + 2816 + 176 + 10 = 40960 + 3002 = 43962.
Damit haben wir ABBA (16) = 43962 (10).

77° Qaanaq, Grönland

Es gibt 7 Quadrate mit einer Fläche von je $4\,m^2 = 28\,m^2$. Eingesetzt in die moderne Formel haben wir: $A = Pi * d^2 : 4$. Kreisfläche = $(3{,}1415 * 6^2) : 4 = 28{,}27$ (gerundet).

90° Nordpol

Der mittlere Abstand entspricht einfach der halben Summe des kleinsten und des größten Abstandes. Sie addieren 38,3 und 260 und erhalten 298,3 Millionen. Als Nächstes halbieren Sie die Summe.

298,3 Millionen : 2 = 149,15 Millionen. Rechenweg im Kopf: Die 298 liegt sehr nahe bei 300. Die Hälfte von 300 ist 150, daher ist die Hälfte von 298 oder 300 − 2 gleich 150 − 1 = 149. Die Hälfte von 0,3 ist einfach 0,15.

Jetzt müssen Sie noch 149150000 durch 300000 teilen. Sie lassen zunächst jeweils vier Nullen weg. Sie erhalten die gleichwertige Aufgabe 14915 : 30. Jetzt können Sie feststellen, dass 14915 beinahe 15000, genauer 15000 − 85 ist. 15000 : 30 ist das Gleiche wie 1500 : 3 oder 500. Damit haben Sie das Teilergebnis 500 Sekunden gefunden. Jetzt müssen Sie noch $\frac{85}{30}$ Sekunden abziehen. 85 : 30 ist das Gleiche wie 170 : 60 oder 17 : 6 oder $2\frac{5}{6}$. Jetzt rechnen Sie $500 - 2\frac{5}{6} = 500 - 3 + \frac{1}{6} = 497\frac{1}{6}$. Das Ergebnis lautet 8 Minuten (= 480 Sekunden) und $17\frac{1}{6}$ Sekunden.

Dank

Großer Dank gilt meiner Literaturagentin Bettina Querfurth, die mir unzählige wertvolle Hinweise und Schreibempfehlungen gegeben hat. Außerdem darf ich mich ganz herzlich für die vorzügliche Betreuung beim Fischer Verlag bedanken. Insbesondere bei Inga Lichtenberg, Volker Jarck, Sybille Meyer und Miriam Zuchtriegel.

Weiterer Dank gebührt vielen Freunden, die mich stets ermuntert haben, diese »Reise« zu Papier zu bringen. Ohne Anspruch auf Vollständigkeit sind dies insbesondere Prof. Dr. Uwe Jaekel, Prof. Dr. Gabriel Frahm, Prof. Dr. Claus Neidhardt, Prof. Dr. Albrecht Beutelspacher, Stefan Raab und Nadja Fischer, Günther Jauch, Stefan Heine, Clemens Bittlinger, Martina Lange-Blank, Sonja Pähl und nicht zuletzt meine Eltern und Ingrid Wozniak. Weiterhin haben mich Mitglieder aus Mensa e. V. und Intertel sowie dem Delphischen Rat Deutschlands mit wertvollen Ideen zu dieser Reise unterstützt.

Literatur

Abeler, Jürgen: Ullstein Uhrenbuch, Berlin, Frankfurt, Wien 1975
Aiton, E.J.: Leibniz, Frankfurt und Leipzig 1991
Al-Khalili, Jim: Im Haus der Weisheit, Frankfurt 2011
Alder, Ken: Das Maß der Welt, München 2002
Antarctica, Secrets of the Southern Continent, Chief Consultant David McGonigal, London 2008
Ascher, Marcia, und Robert Ascher: Mathematics of the Incas, Mineola 1997
Ball, Johnny: Von null bis unendlich, München 2009
Baudin, Louis: Das Leben der Inka, Zürich 1987
Blaise, Clark: Die Zähmung der Zeit. Sir Sandford Fleming und die Erfindung der Weltzeit, Frankfurt 2001
Beutelspacher, Albrecht: Mathematik Basics, München und Zürich 2012
Beutelspacher, Albrecht: Zahlen, München 2013
BI-Lexikon Uhren und Zeitmessung, Hrsg. von Rudi Koch, Leipzig 1987
Blattner, David: π – Magie einer Zahl, Hamburg 2000
Breuer, Hans: Kolumbus war Chinese, Frankfurt 1970

Conway, John H., und Richard K. Guy: Zahlenzauber, Basel, Boston, Berlin 1997

Dinwiddie, Robert, Simon Lamb und Ross Reynolds: Naturgewalten, München 2012

Dohrn-van Rossum, Gerhard: Die Geschichte der Stunde, Köln 2007

Falola, Toyin, und O. B. Lawuyi: »Not just a Currency: The Cowrie in Nigerian Culture« in: West African Economic and Social History, herausgegeben von David Henige und T. C. McCaskie, University of Wisconsin 1990

Fibonacci, Leonardo: Fibonacci's Liber abaaci: a translation into modern English of Leonardo Pisano's Book of calculation, New York 2002

Folliet, Luc: Nauru. Die verwüstete Insel, Berlin 2011

Forster, Georg: Reise um die Welt, Frankfurt 2007

Fraser, P. M.: Eratosthenes of Cyrene, London 1971

Fröba, Stephanie, und Alfred Wassermann: Die bedeutendsten Mathematiker, Wiesbaden 2007

General History of Africa. Band I: Methodology and African Prehistory, Abridged Version, Herausgegeben von J. Ki-Zerbo, Paris, London, Berkely 1989

Gockel, Wolfgang: Guatemala, Belize, Honduras und El Salvador, Ostfildern 2006

Grube, Nikolai (Hrsg.): Maya. Gottkönige im Regenwald, Berlin 2010

Hambrey, Michael, und Jürg Alean: Glaciers, Cambridge 1992

Harari, Yuval Noah: Eine kurze Geschichte der Menschheit, München 2013

Haustein, Heinz-Dieter: Weltchronik des Messens, Berlin – New York 2001

Hirsch, Eike Christian: Der berühmte Herr Leibniz, München 2000

Hogendorn, Jan S., und Marion Johnson: The Shell Money of the Slave Trade, Cambridge 1986

Horwitz, Tony: Cook. Die Entdeckung eines Entdeckers, Hamburg 2004

Ibn Battuta: Reisen ans Ende der Welt, Stuttgart, Wien 1985

Ifrah, Georges: Universalgeschichte der Zahlen, Berlin 2010

Jursa, Michael: Die Babylonier, München 2004

Klose, Alexander: Das Container-Prinzip, Hamburg 2009

Kirst, Detlev: Peru, Ostfildern 2007

Laumanns, Horst W.: Containerschiffe, Stuttgart 2013

Le Goff, Jacques: Für ein anderes Mittelalter, Weingarten 1987

Lenz, Hans: Kleine Geschichte der Zeit, Wiesbaden 2012

Marcinek, Joachim: Gletscher der Erde, Leipzig 1984

Menninger, Karl: Zahlwort und Ziffer, Göttingen 1979

Murdin, Paul: Die Kartenmacher, Mannheim 2010

Muscheln, Salz und Kokosnüsse, Ausstellungskatalog des Fuhlrott-Museums Wuppertal, 2000

Narrative Threads, Herausgegeben von Jeffrey Quilter und Gary Urton, Austin 2002

National Geographic Society: Versunkene Reiche der Maya, Augsburg 1997

Peters, Ulrike: Schnellkurs Altes Mexiko, Köln 2004

Press, Frank, und Raymond Siever: Allgemeine Geologie, München 2003

Polanyi, Karl: Ökonomie und Gesellschaft, Frankfurt 1979

Roller, Duane W.: Eratosthenes' Geography, Princeton und Oxford 2010

Scherer, Klaus: Auf der Datumsgrenze durch die Südsee, Köln 2005

Schmelz, Bernd: Die Inka, Stuttgart 2013

Schwenk, Ernst: Maßmenschen, Zürich 2003

Sedillot, René: Muscheln, Münzen und Papier, Frankfurt, New York 1992

Sobel, Dava: Längengrad, Berlin 1996

Spelleken, Hans-Gerd: Honduras, Bielefeld 2009

Stewart, Ian: Das Rätsel der Schneeflocke, Heidelberg und Berlin 2001

Stürmer, Karoline: Pole Packeis Pinguine, München 2007

Urmes, Dietmar: Handbuch der geographischen Namen, Wiesbaden 2003

Van Cleef, Alfred: Die verborgene Ordnung, Hamburg 2012
Van Dijk, Lutz: Die Geschichte Afrikas, Frankfurt 2008
Walser, Hans: Der goldene Schnitt, Leipzig 2009
Wußing, Hans: 6000 Jahre Mathematik, Berlin und Heidelberg 2008
Zipper, Kurt, und Claudia Fritzsche: Orientteppiche, München 1989
»Zu scharf ist nicht gesund – Lebensmittel mit sehr hohem Capsaicingehalt können der Gesundheit schaden«, Stellungnahme Nr. 053/2011 des Bundesinstitutes für Risikobewertung
Zweig, Stefan: Magellan, Frankfurt 2011
Zeitschriften:
Der Spiegel: Geschichte, Inka, Maya und Azteken, Heft Nr. 2, 2014

Zusätzlich möchte ich mich bei allen bedanken, deren Videos ich auf YouTube angeschaut habe, die bei Wikipedia mitarbeiten, die bloggen und schreiben. Es sind Unzählige, von deren Beschreibungen ich profitiert habe. Sie alle aufzuzählen brauchte einen zweiten Band.
Die Koordinaten habe ich mit Google Earth berechnet.